くもんの小学ドリル

# がんばり2年生 学しゅう記ろくひょう

名前

1 2 3 4 5 6 7 8

9 10 11 12 13 16

17 18 19 20 21 22 23 24

25 26 27 28 29 30 31 32

33 34 35 36 37 38 39 40

41 42 43



1さつ　ぜんぶ　おわったら、
ここに　大きな　シールを
はりましょう。

あなたは
「くもんの小学ドリル　算数　2年生数・りょう・図形」を、
さいごまで　やりとげました。
すばらしいです！
これからも　がんばってください。

# 1年生の　ふくしゅう　①

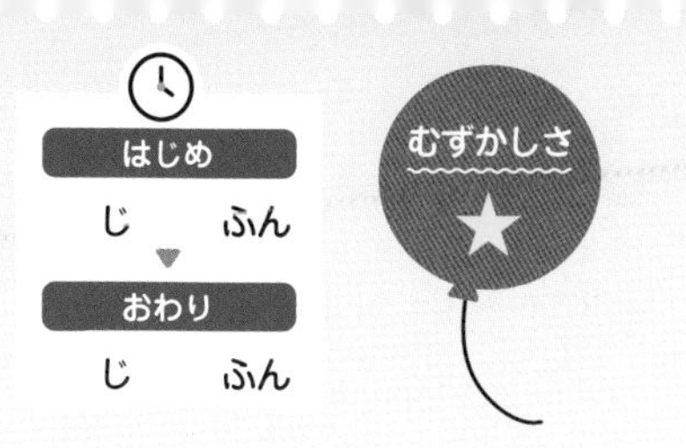


**1** えんぴつや　チョコレートの　数を　□に　かきましょう。〔1もん　7点〕

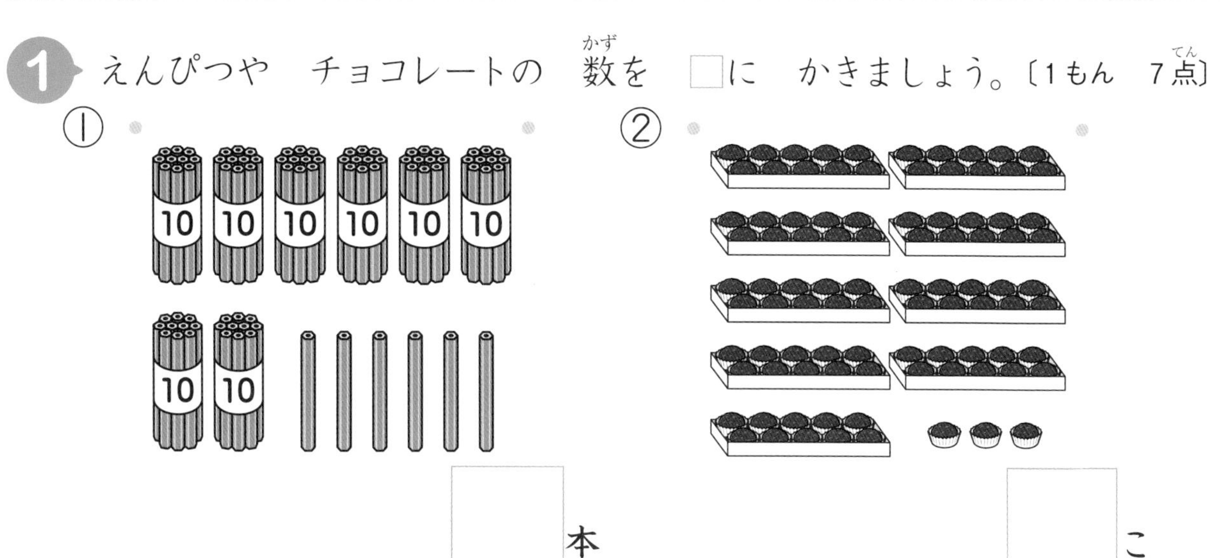


**2** □に　あう　数を　かきましょう。〔1もん　7点〕

① 10を　4つと　1を　6つ　あわせると　□　です。

② 75は　10を　□　つと，1を　□　つ　あわせた　数です。

③ 80は　10を　□　つ　あつめた　数です。

**3** □に　あう　数を　かきましょう。〔1もん　7点〕

① 92の　十のくらいは　□　で，一のくらいは　□　です。

② 十のくらいが　2で，一のくらいが　3の　数は　□　です。

③ 一のくらいが　0で，十のくらいが　7の　数は　□　です。

4 数(かず)が　大きい　ほうの　(　)に　○を　かきましょう。

〔1もん　7点(てん)〕

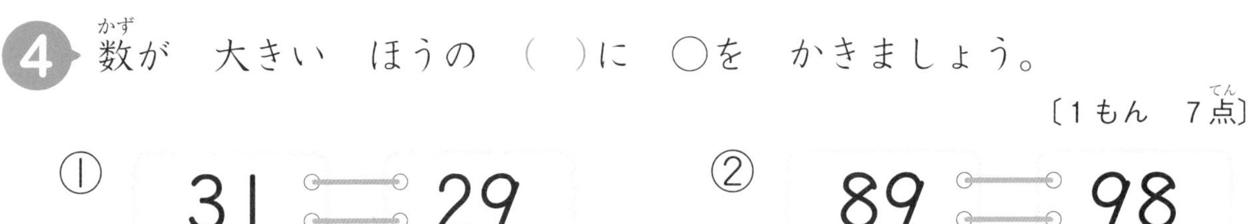

5 長(なが)い　ほうの　(　)に　○を　かきましょう。　〔10点(てん)〕

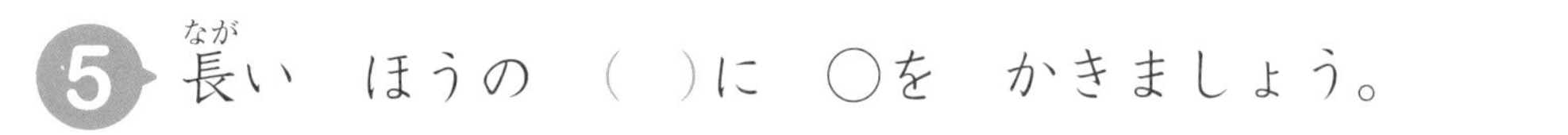


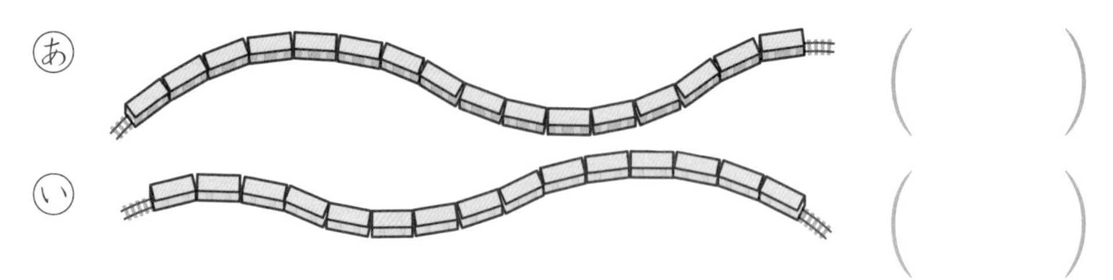


6 いろいたを　1まいだけ　うごかして　形(かたち)を　かえます。㋐から㋓，㋕から㋘の　なかから，うごかす　いろいたを　えらんで(　)に　かきましょう。

〔1もん　10点(てん)〕

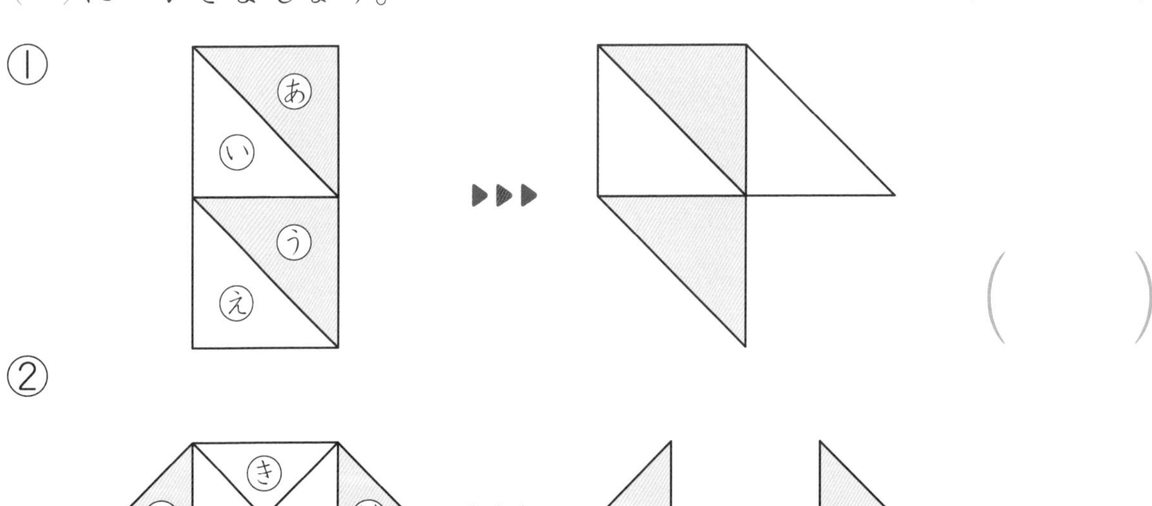


©くもん出版

まちがえた　もんだいは　もう　いちど　やりなおして　みよう。

とくてん　　てん

# 1年生の　ふくしゅう　②

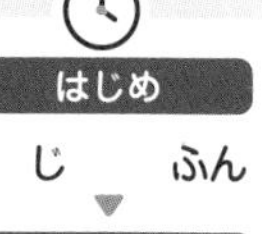

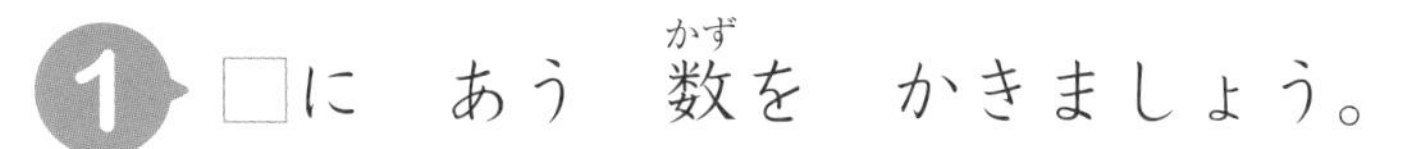

月　日　名まえ

**1** □に　あう　数(かず)を　かきましょう。　〔1もん　7点(てん)〕

① 79より　1　大きい　数(かず)は  です。

② 60より　1　小さい　数(かず)は  です。

③ 99より　2　大きい　数(かず)は  です。

④ 99より　2　小さい　数(かず)は  です。

**2** どちらが　どれだけ　長(なが)いでしょうか。　〔10点(てん)〕

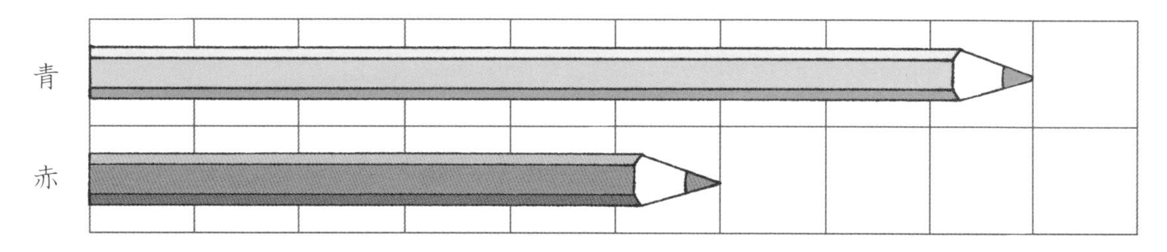


（　　　　）の　ほうが，ますの（　　）つぶん　長(なが)い。

**3** 水は，どちらの　入れものに　どれだけ　多(おお)く　入って　いたでしょうか。　〔20点(てん)〕

●びん

●やかん

（　　　　）の　ほうが　コップで（　　）ばい　多(おお)い。

**4** 青と　赤では，どちらが　広(ひろ)いでしょうか。　〔1もん　7点(てん)〕

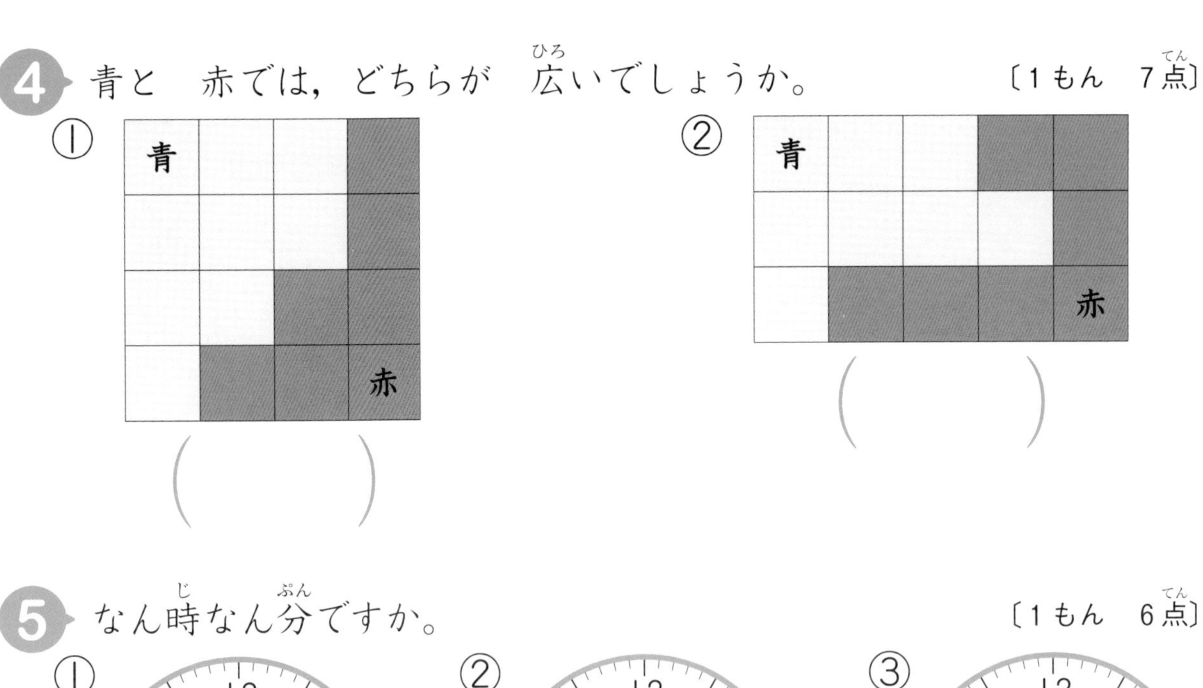


**5** なん時(じ)なん分(ぷん)ですか。　〔1もん　6点(てん)〕

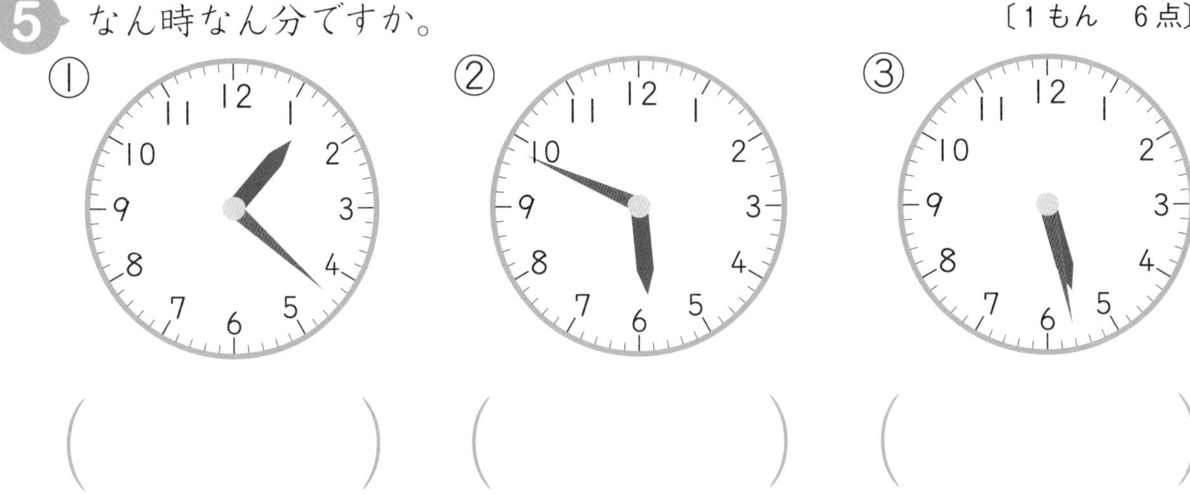


**6** 左の　つみ木を　うつしとって　できる　形(かたち)　ぜんぶに　○を　つけましょう。　〔10点(てん)〕

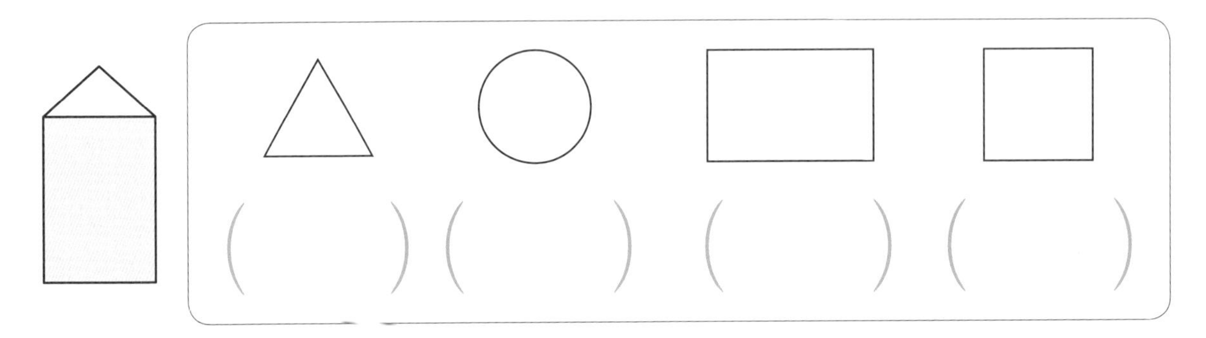



まちがえた　もんだいは　もう　いちど　やりなおして　みよう。

とくてん　　てん

# 1000までの 数（かず） ①

月　日　名まえ

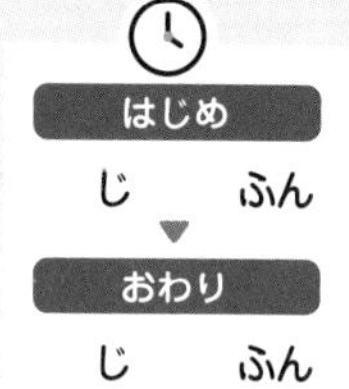

**1** ぼうの 数（かず）は いくつですか。□に 数字（すうじ）を かきましょう。

〔1もん　5点（てん）〕

①

②

121

③

④

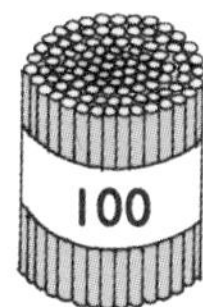
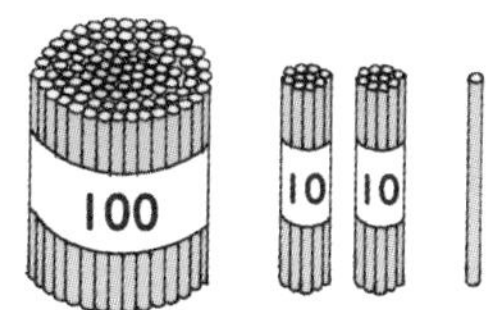

⑤

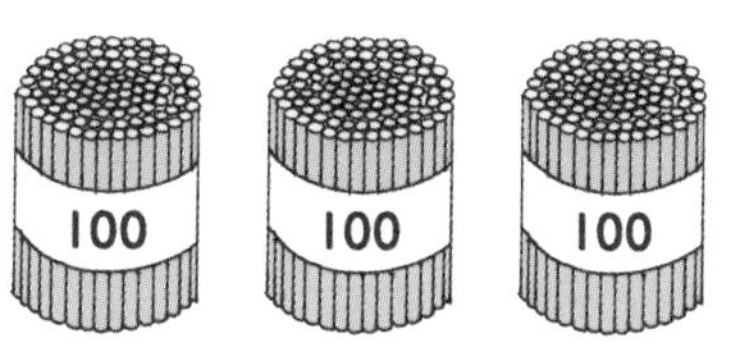

⑥

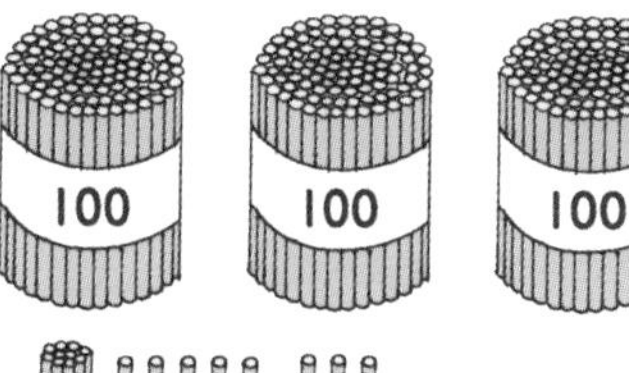
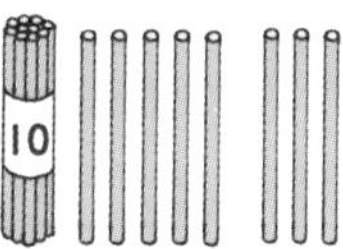

⑦

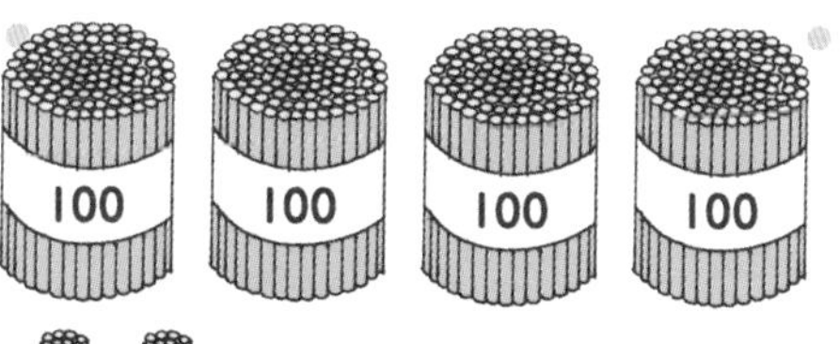

⑧

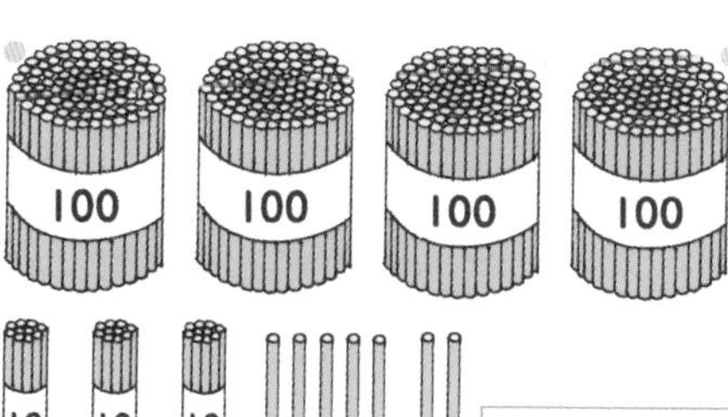
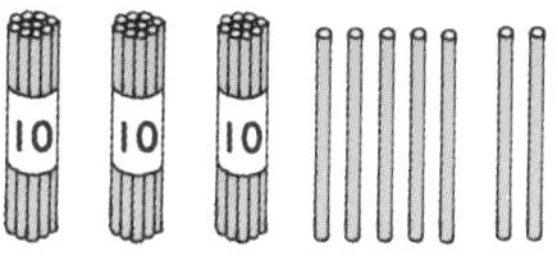

**2** 下の　おはじきや　さかななどの　数(かず)を　□に　かきましょう。

〔1もん　15点(てん)〕

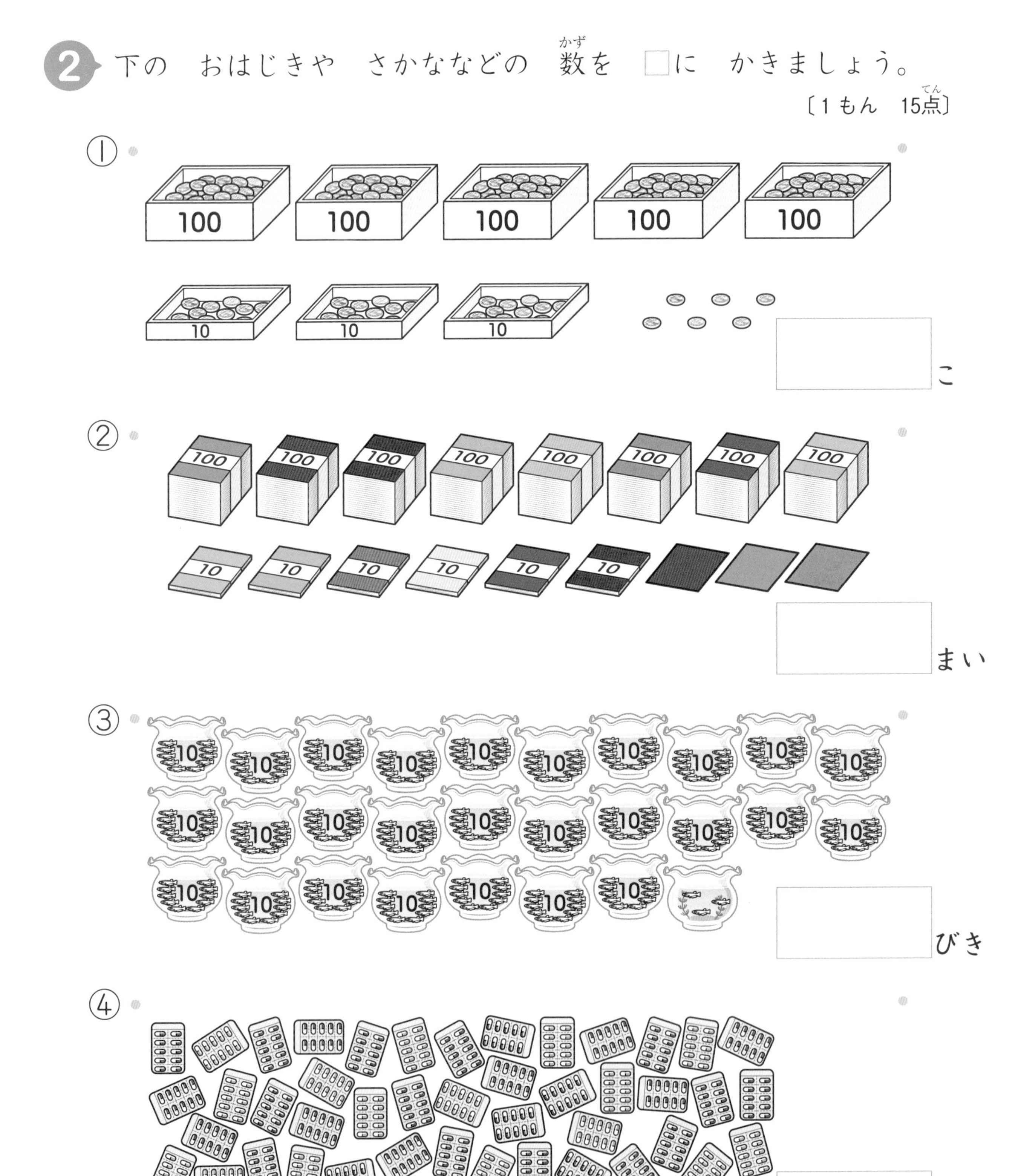




えを　よく　見て　こたえよう。

とくてん　　てん

# 1000までの 数(かず) ②

月　日　名まえ

はじめ　じ　ふん
おわり　じ　ふん

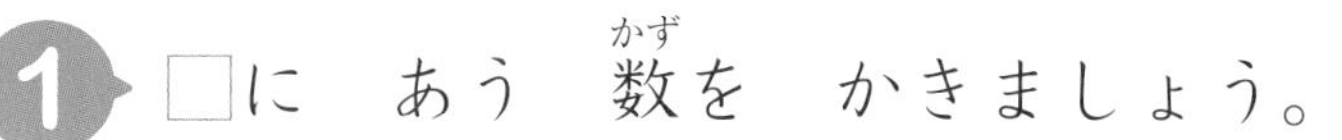

 □に　あう　数(かず)を　かきましょう。〔1もん　5点(てん)〕

① 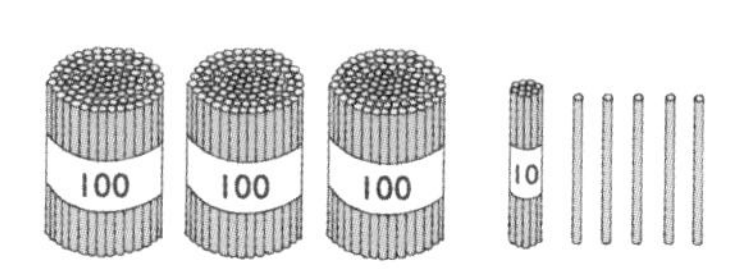

100本が　2つと　10本が　1つで，□本です。

② 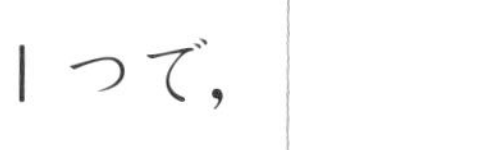

100本が　3つと　10本が　1つと　1本が　5つで，□本です。

③ 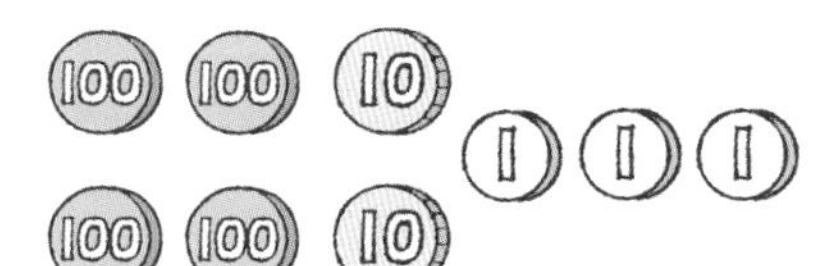 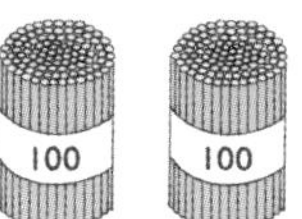 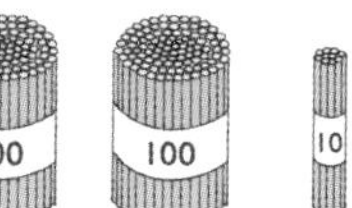

100を　4つと　10を　2つと　1を　3つ　あわせると，□です。

④ 100を　5つと　10を　7つ　あわせると，□です。

⑤ 100を　6つと　10を　4つと　1を　1つ　あわせると，□です。

⑥ 100を　7つと　10を　9つと　1を　6つ　あわせると，□です。

⑦ 100を　8つと　1を　5つ　あわせると，□です。

⑧ 100を　9つと　1を　7つ　あわせると，□です。

**2** □に　あう　数(かず)を　かきましょう。〔1もん　6点(てん)〕

① 250は，100を □ つと　10を □ つ　あわせた　数(かず)です。

② 485は，100を □ つと　10を □ つと　1を □ つ　あわせた　数(かず)です。

③ 304は，100を □ つと　1を □ つ　あわせた　数(かず)です。

④ 807は，100を □ つと □ を　7つ　あわせた　数(かず)です。

⑤ 100を　5つ　あつめた　数(かず)は □ です。

⑥ 100を　10　あつめた　数(かず)は □ です。

⑦ 700は，100を □ つ　あつめた　数(かず)です。

⑧ 1000は，100を □ あつめた　数(かず)です。

⑨ 250は，10を □ あつめた　数(かず)です。

⑩ 760は，10を □ あつめた　数(かず)です。



もんだいを　よく　よんで　こたえよう。

とくてん　てん

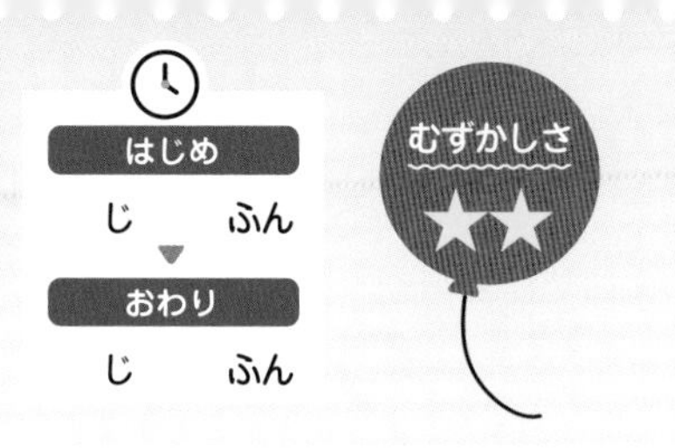


**1** □に あう 数を かきましょう。 〔1もん 10点〕

① 

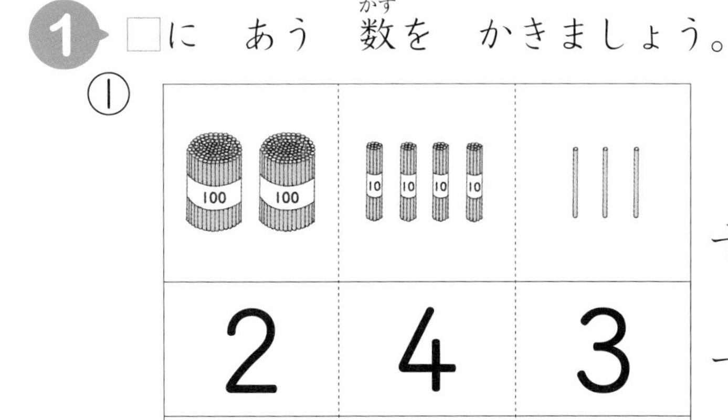

| 百のくらい | 十のくらい | 一のくらい |
|---|---|---|
| 2 | 4 | 3 |

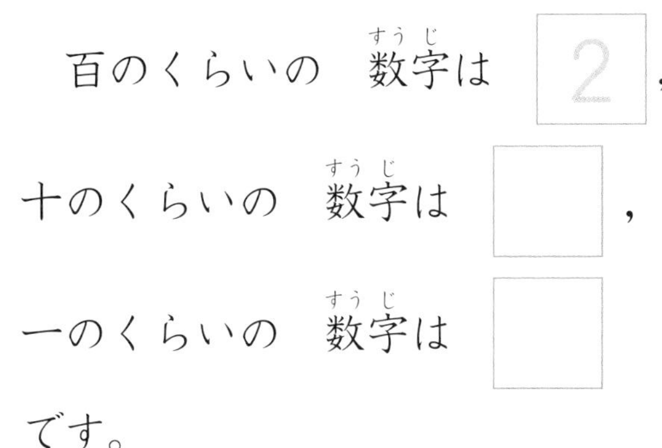

百のくらいの 数字は 2，
十のくらいの 数字は □，
一のくらいの 数字は □
です。

② 

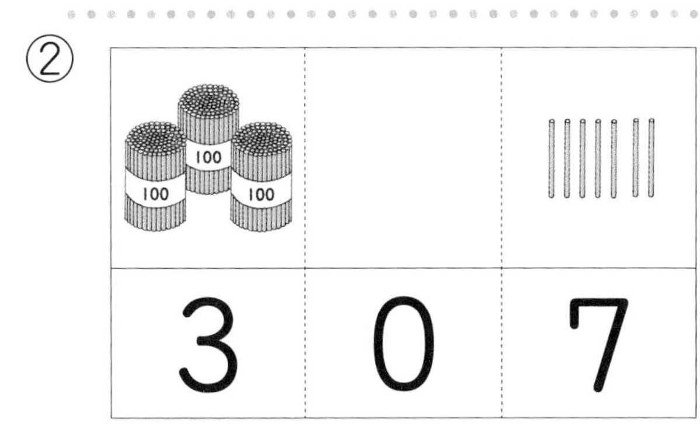

| | | |
|---|---|---|
| 3 | 0 | 7 |

百のくらいの 数字は □，
十のくらいの 数字は □，
一のくらいの 数字は □
です。

③ 794の 百のくらいは □，十のくらいは □，一のくらいは □ です。

④ 百のくらいが 9，十のくらいが 6，一のくらいが 0の 数は □ です。

⑤ 一のくらいが 3，十のくらいが 0，百のくらいが 8の 数は □ です。

## 2 □に　あう　数（かず）を　かん字で　かきましょう。　〔1もん　5点（てん）〕

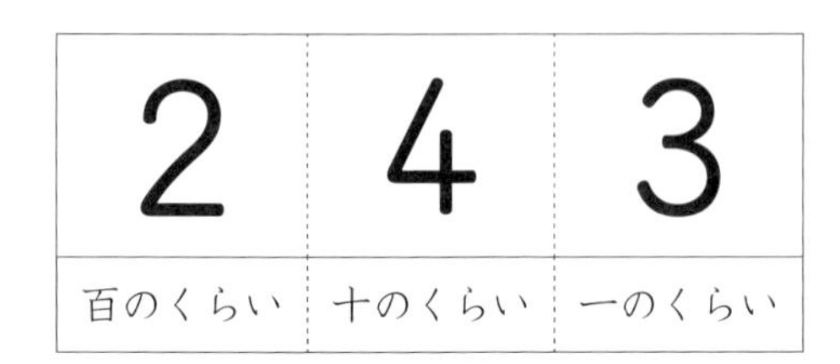

| 2 | 4 | 3 |
| --- | --- | --- |
| 百のくらい | 十のくらい | 一のくらい |

① 百が　2つで　□，十が　4つで　□，

一が　3つで　□　です。

② 243は　□　と　かいて，

「にひゃくよんじゅうさん」と　よみます。

## 3 つぎの　数（かず）を　かん字で　かきましょう。　〔1もん　4点（てん）〕

① 365
(　　　　)

② 918
(　　　　)

③ 720
(　　　　)

④ 809
(　　　　)

## 4 つぎの　数（かず）を　数字（すうじ）で　かきましょう。　〔1もん　4点（てん）〕

① 四百七十六　(　　　　)

② 六百十三　(　　　　)

③ 八百六十　(　　　　)

④ 五百七　(　　　　)

⑤ 九百二　(　　　　)

⑥ 千（せん）　(　　　　)



百のくらい，十のくらい，一のくらいに　ちゅういして
こたえよう。

とくてん　　てん

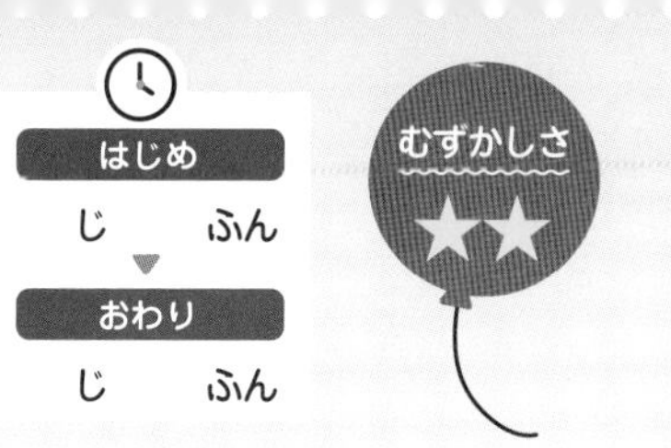


**1** ↓の ところの 数(かず)を □に かきましょう。〔□1つ 2点(てん)〕

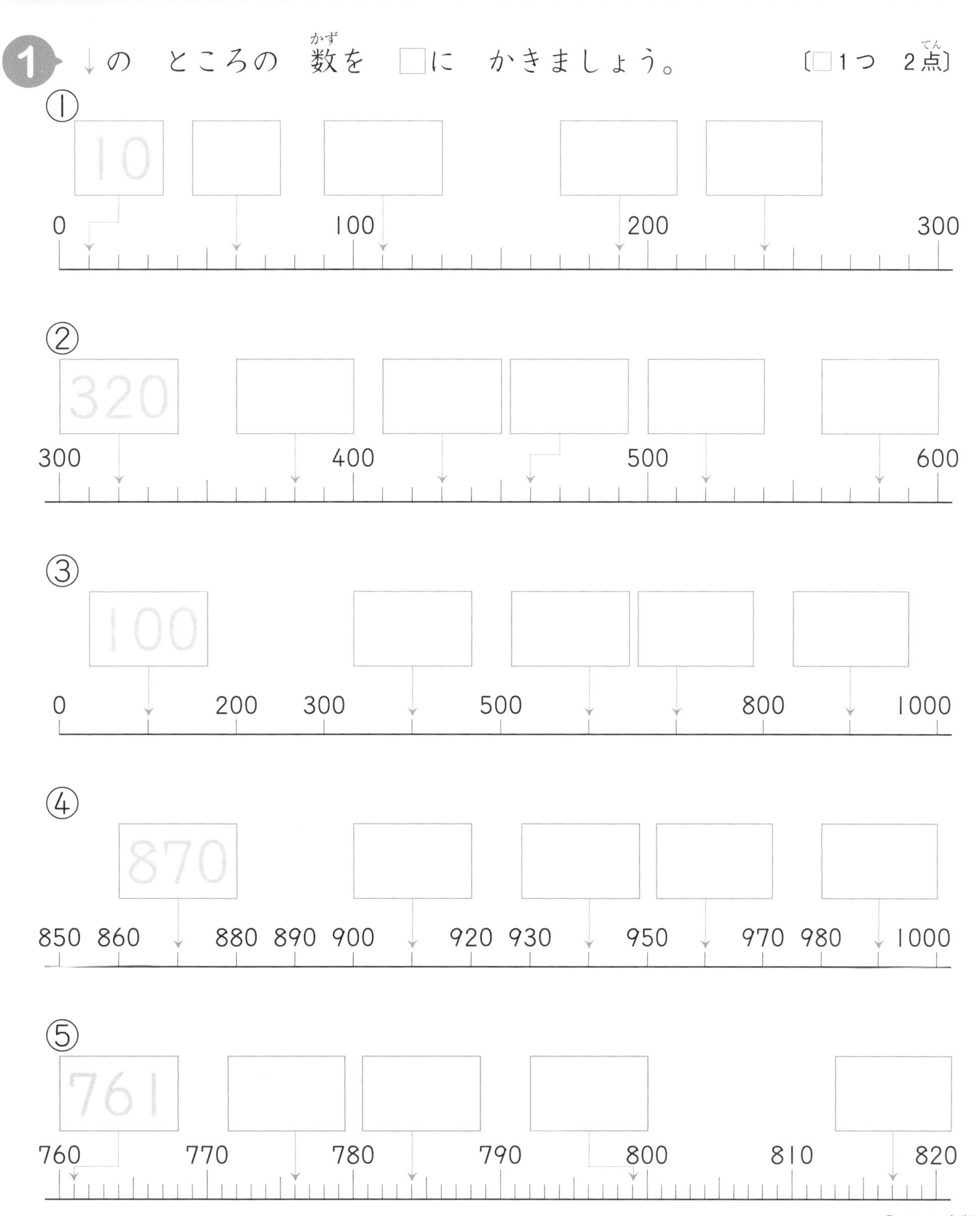

## 2 数の線を　見て，□に　あう　数を　かきましょう。〔1もん　6点〕

2 小さい　480　2 大きい　490　500

① 480より　2　大きい　数は　□　です。

② 480より　2　小さい　数は　□　です。

③ 500より　2　大きい　数は　□　です。

④ 500より　2　小さい　数は　□　です。

## 3 数の線を　見て，□に　あう　数を　かきましょう。〔1もん　6点〕

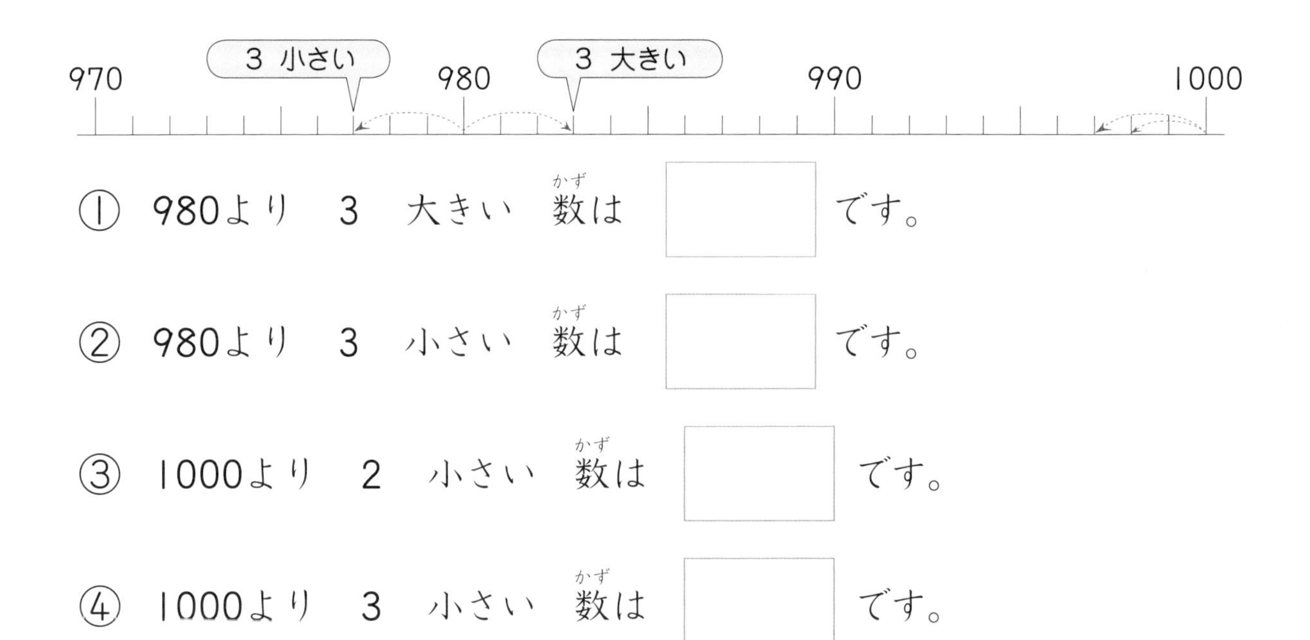


① 980より　3　大きい　数は　□　です。

② 980より　3　小さい　数は　□　です。

③ 1000より　2　小さい　数は　□　です。

④ 1000より　3　小さい　数は　□　です。



数の線を　よく　見て　こたえよう。

とくてん　　てん

# 7 1000までの 数 ⑤

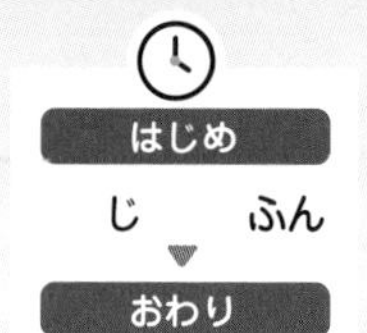

月 日 名まえ

**1** 数の線を 見て，□に あう 数を かきましょう。〔1もん 5点〕

100 小さい　100 大きい

0　100　200　300　400　500　600　700　800　900　1000

① 500より 100 大きい 数は □ です。

② 500より 100 小さい 数は □ です。

③ 500より 200 大きい 数は □ です。

④ 500より 200 小さい 数は □ です。

⑤ 700より 100 大きい 数は □ です。

⑥ 700より 100 小さい 数は □ です。

⑦ 400は，あと □ で 500に なります。

⑧ 300は，あと □ で 500に なります。

⑨ 900は，あと □ で 1000に なります。

⑩ 800は，あと □ で 1000に なります。

## 2 数(かず)の線(せん)を　見て，□に　あう　数(かず)を　かきましょう。〔1もん　5点(てん)〕

10 小さい　10 大きい

700　750　800　850　900　950　1000

① 900より　10　大きい　数(かず)は □ です。

② 900より　10　小さい　数(かず)は □ です。

③ 1000より　10　小さい　数(かず)は □ です。

④ 800より　20　大きい　数(かず)は □ です。

⑤ 800より　20　小さい　数(かず)は □ です。

⑥ 1000より　20　小さい　数(かず)は □ です。

⑦ 990は，あと □ で　1000に　なります。

⑧ 980は，あと □ で　1000に　なります。

⑨ 890は，あと □ で　900に　なります。

⑩ 880は，あと □ で　900に　なります。



まちがえた　もんだいは，もう　いちど　やりなおして　みよう。

とくてん　てん

# 1000までの 数（かず） ⑥

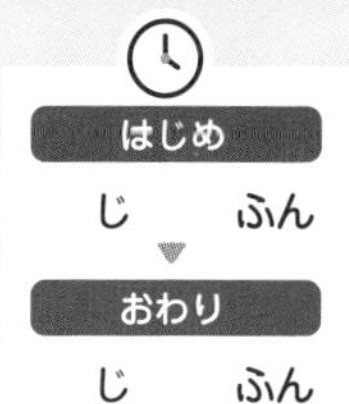

月　日　名まえ

**1** 数（かず）が 大きい ほうの （ ）に ○を かきましょう。

〔1もん 5点（てん）〕

① 200　300
（　）（　）

② 700　500
（　）（　）

③ 450　350
（　）（　）

④ 180　280
（　）（　）

⑤ 324　414
（　）（　）

⑥ 298　306
（　）（　）

⑦ 280　270
（　）（　）

⑧ 365　395
（　）（　）

⑨ 181　179
（　）（　）

⑩ 467　476
（　）（　）

⑪ 394　395
（　）（　）

⑫ 508　502
（　）（　）

## 2 つぎの　もんだいに　こたえましょう。　〔1もん　4点〕

① 546より　大きい　数を　ぜんぶ　○で　かこみましょう。

246　846　146　646　446　746

② 546より　大きい　数を　ぜんぶ　○で　かこみましょう。

596　556　506　536　586　526

③ 546より　大きい　数を　ぜんぶ　○で　かこみましょう。

544　547　549　545　540　546

④ 546より　大きい　数を　ぜんぶ　○で　かこみましょう。

946　516　660　548　836　346

⑤ 546より　小さい　数を　ぜんぶ　○で　かこみましょう。

564　456　551　545　499　654

⑥ 546より　小さい　数を　ぜんぶ　○で　かこみましょう。

526　576　486　636　398　539

⑦ 735より　大きい　数を　ぜんぶ　○で　かこみましょう。

835　705　798　627　585　935

⑧ 735より　小さい　数を　ぜんぶ　○で　かこみましょう。

753　573　726　743　685　805

⑨ 381より　大きい　数を　ぜんぶ　○で　かこみましょう。

391　371　400　298　318　521

⑩ 381より　小さい　数を　ぜんぶ　○で　かこみましょう。

318　831　379　388　400　299



もんだいを　よく　よんで　こたえよう。

とくてん　　てん

# 10000までの 数 ①

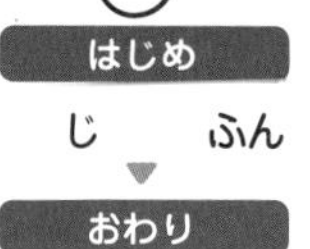

月 日 名まえ

**1** ぼうの 数は いくつですか。□の 中に 数字を かきましょう。

〔1もん 20点〕

①

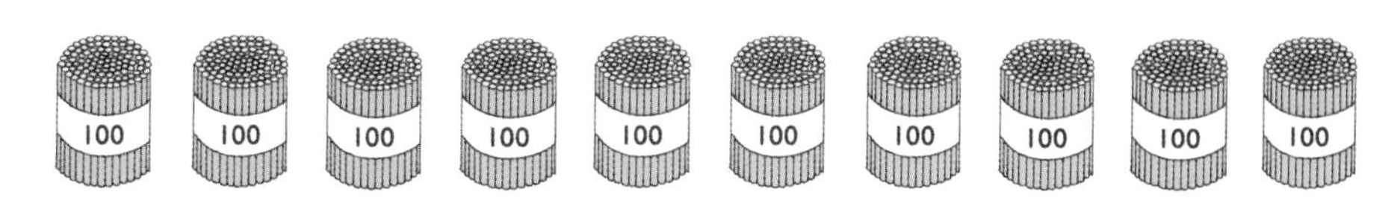

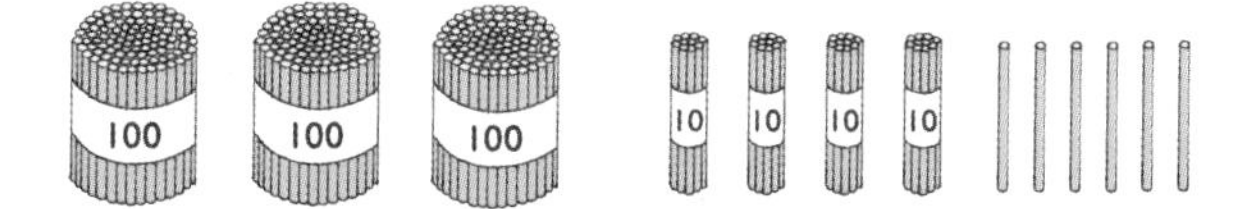

□

②

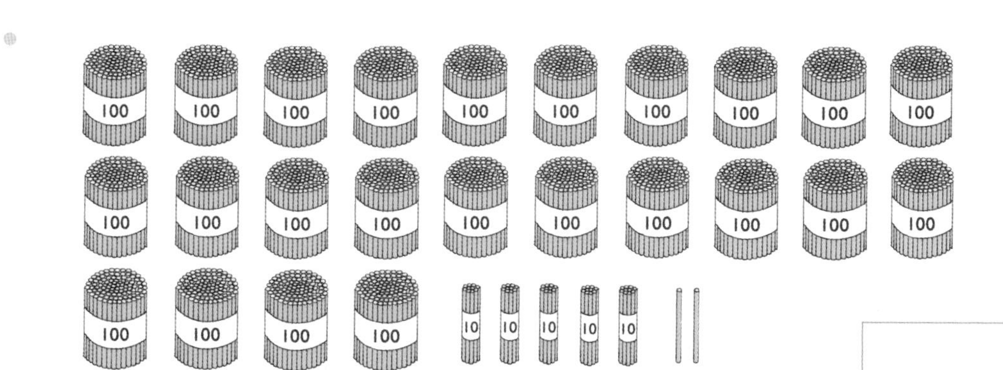

□

③

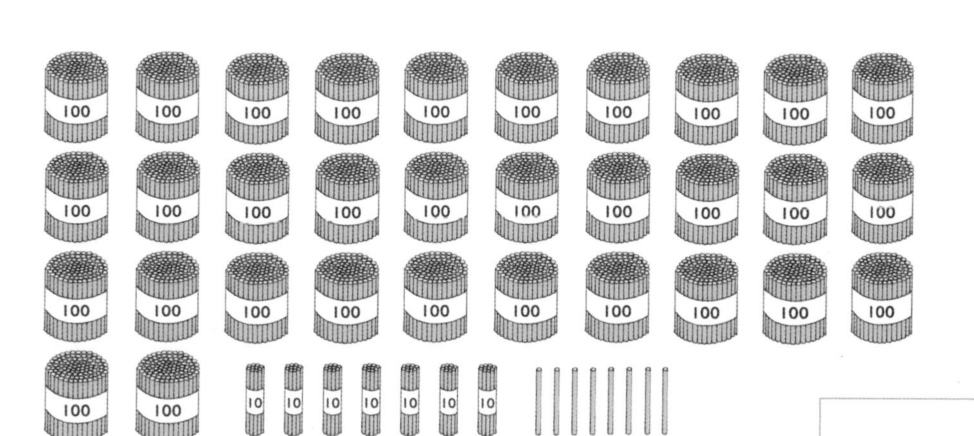

□

## ❷ 下の　かみや　どんぐりなどの　数(かず)を　□に　かきましょう。

〔1もん　10点(てん)〕

①

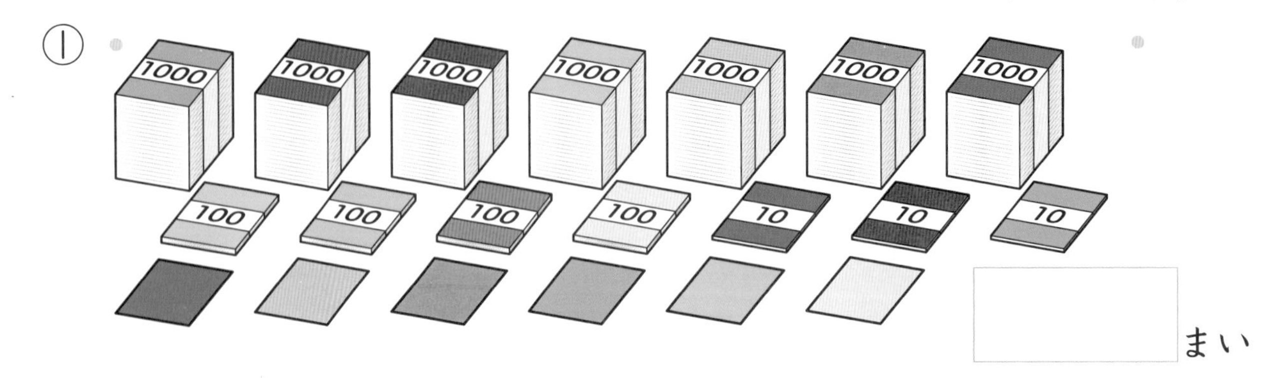


□まい

②

□こ

③

□こ

④

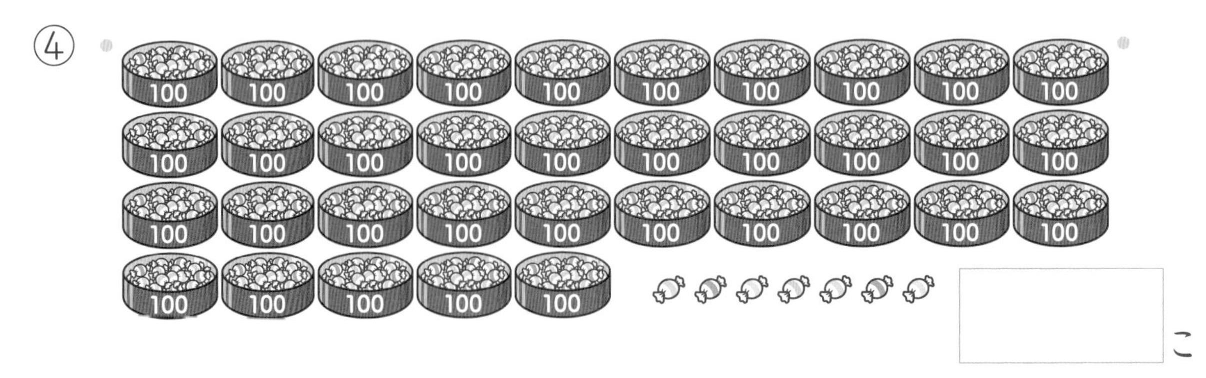


□こ



えを　よく　見て　こたえよう。

とくてん　　てん

# 10000までの 数 ②

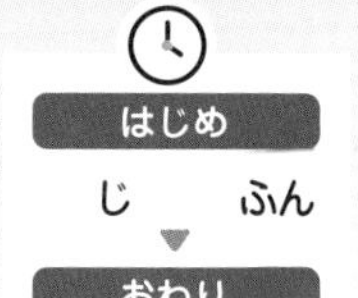

月　　日　名まえ

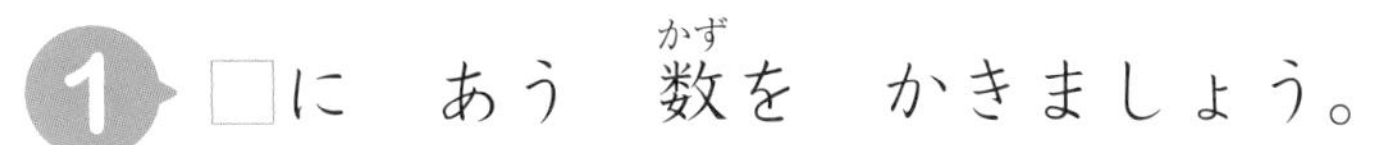

**1** □に あう 数を かきましょう。〔1もん 5点〕

① 1000まいが 2つと 100まいが 1つで、□まいです。

② 1000まいが 3つと 100まいが 2つと 10まいが 1つで、□まいです。

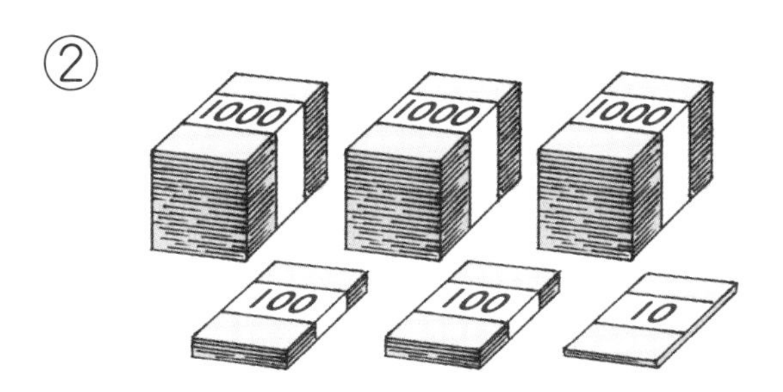


③ 1000を 4つ、100を 3つ、10を 1つ、1を 5つ あわせると、□です。

④ 1000を 6つ、100を 7つ、10を 2つ、1を 4つ あわせると、□です。

⑤ 1000を 8つと 10を 9つ あわせると、□です。

⑥ 1000を 5つと 100を 1つと 1を 8つ あわせると、□です。

**2** □に　あう　数(かず)を　かきましょう。　〔1もん　7点(てん)〕

① 3400は，1000を □ つと　100を □ つ　あわせた　数(かず)です。

② 4125は，1000を □ つ，100を □ つ，10を □ つ，1を □ つ　あわせた　数(かず)です。

③ 5070は，1000を □ つと □ を　7つ　あわせた　数(かず)です。

④ 1000を　10　あつめた　数(かず)は □ です。

⑤ 1500は，100を □ あつめた　数(かず)です。

⑥ 6200は，100を □ あつめた　数(かず)です。

⑦ 10000は，1000を □ あつめた　数(かず)です。

⑧ 9400は，□ を　9つと □ を　4つ　あわせた　数(かず)です。

⑨ 9400は，□ を　94　あつめた　数(かず)です。

⑩ 8000は，100を □ あつめた　数(かず)です。



もんだいを　よく　よんで　こたえよう。

とくてん　　てん

# 10000までの数（かず）③

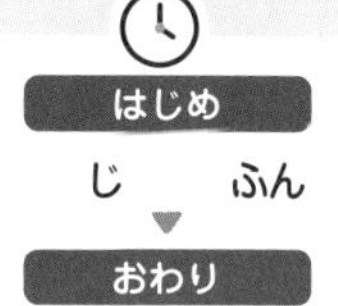

月　　日　　名まえ

**1** □に　あう　数（かず）を　かきましょう。　〔1もん　10点（てん）〕

①

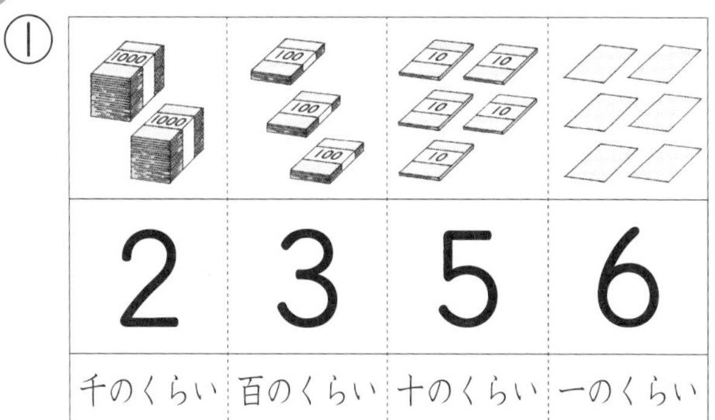

| 2 | 3 | 5 | 6 |
|---|---|---|---|
| 千のくらい | 百のくらい | 十のくらい | 一のくらい |

千のくらいの　数字（すうじ）は □，

百のくらいの　数字（すうじ）は □，

十のくらいの　数字（すうじ）は　5，

一のくらいの　数字（すうじ）は　6です。

②

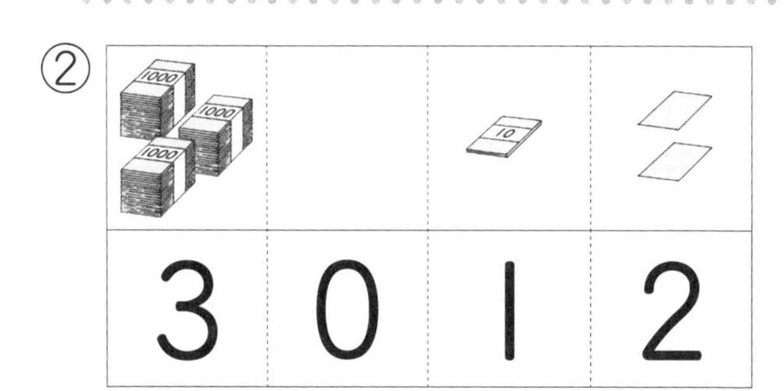

| 3 | 0 | 1 | 2 |
|---|---|---|---|

千のくらいの　数字（すうじ）は □，百のくらいの　数字（すうじ）は □，

十のくらいの　数字（すうじ）は □，一のくらいの　数字（すうじ）は □ です。

③ 4907の　千のくらいは □，百のくらいは □，十のくらいは □，一のくらいは □ です。

④ 千のくらいが　8，百のくらいが　7，十のくらいが　3，一のくらいが　0の　数（かず）は □ です。

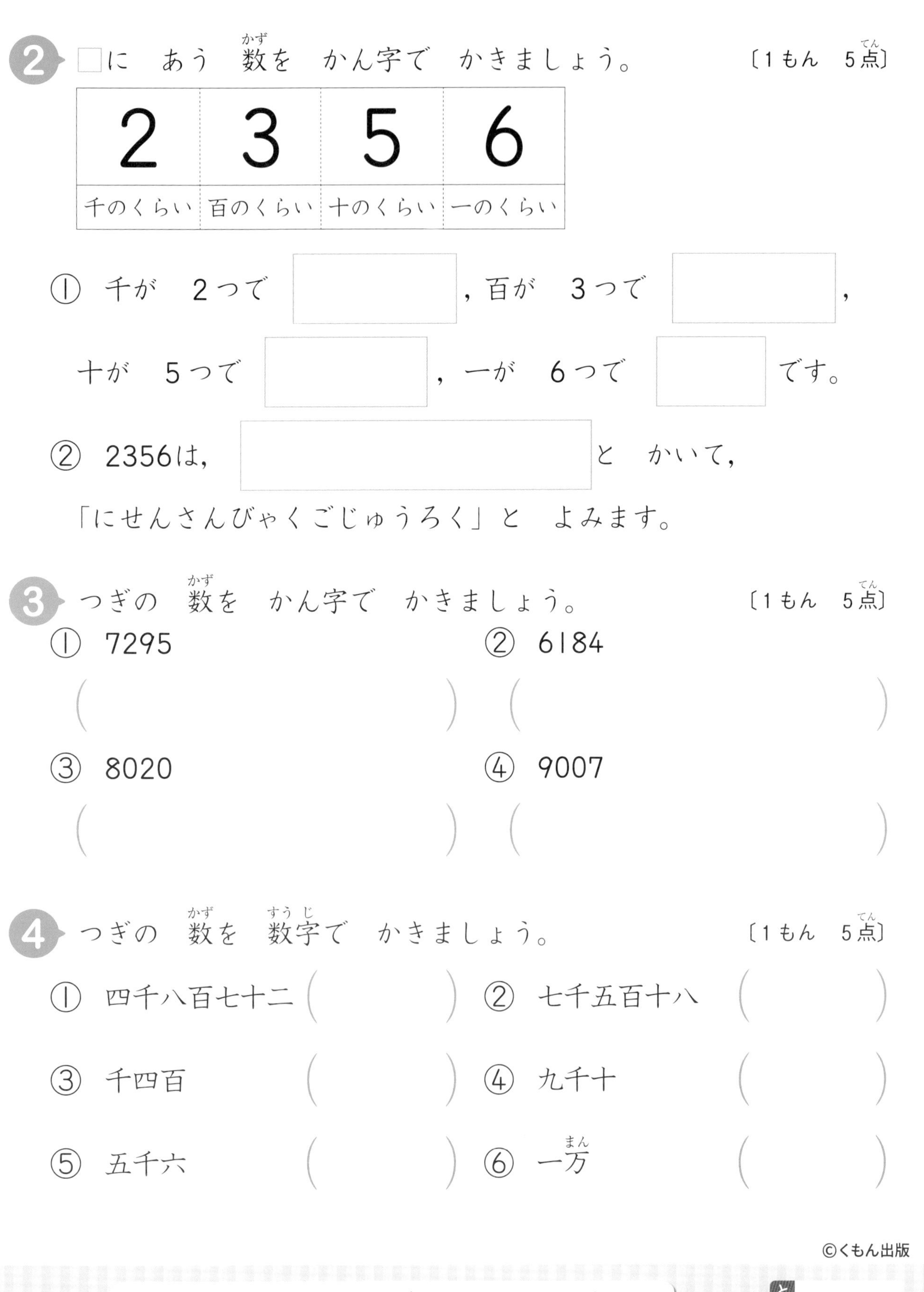

**2** □に　あう　数(かず)を　かん字で　かきましょう。　〔1もん　5点(てん)〕

| 2 | 3 | 5 | 6 |
|---|---|---|---|
| 千のくらい | 百のくらい | 十のくらい | 一のくらい |

① 千が　2つで　□，百が　3つで　□，

十が　5つで　□，一が　6つで　□　です。

② 2356は，□と　かいて，

「にせんさんびゃくごじゅうろく」と　よみます。

**3** つぎの　数(かず)を　かん字で　かきましょう。　〔1もん　5点(てん)〕

① 7295　（　　　）　② 6184　（　　　）

③ 8020　（　　　）　④ 9007　（　　　）

**4** つぎの　数(かず)を　数字(すうじ)で　かきましょう。　〔1もん　5点(てん)〕

① 四千八百七十二（　　　）　② 七千五百十八（　　　）

③ 千四百（　　　）　④ 九千十（　　　）

⑤ 五千六（　　　）　⑥ 一万(まん)（　　　）



千のくらい，百のくらい，十のくらい，一のくらいに
ちゅういして　こたえよう。

とくてん　　てん

12

# 10000までの数（かず） ④

月　日　名まえ

1 ↓の　ところの　数（かず）を　□に　かきましょう。〔□1つ　2点（てん）〕

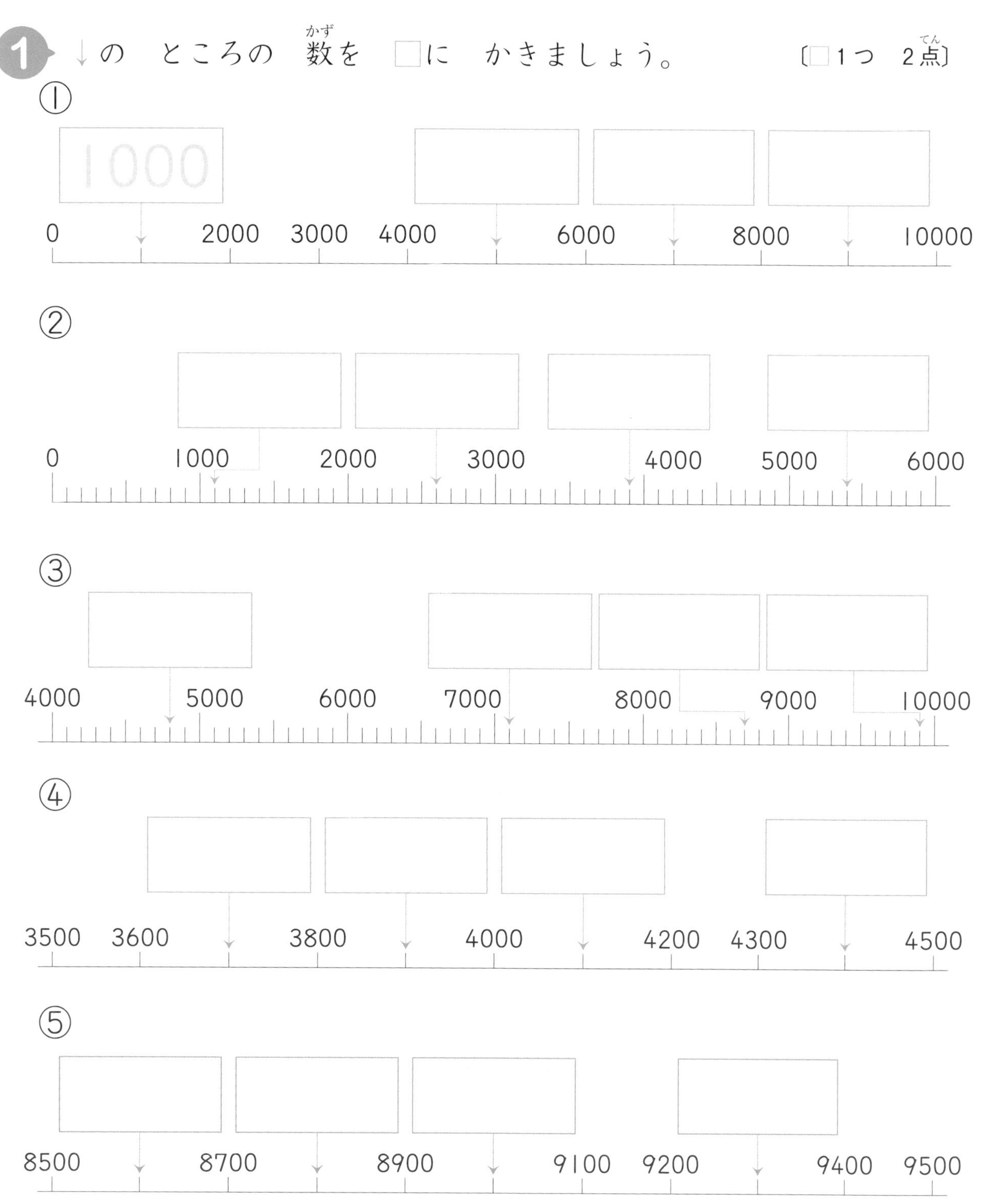

## 2 ↓の　ところの　数を　□に　かきましょう。　〔□1つ　2点〕

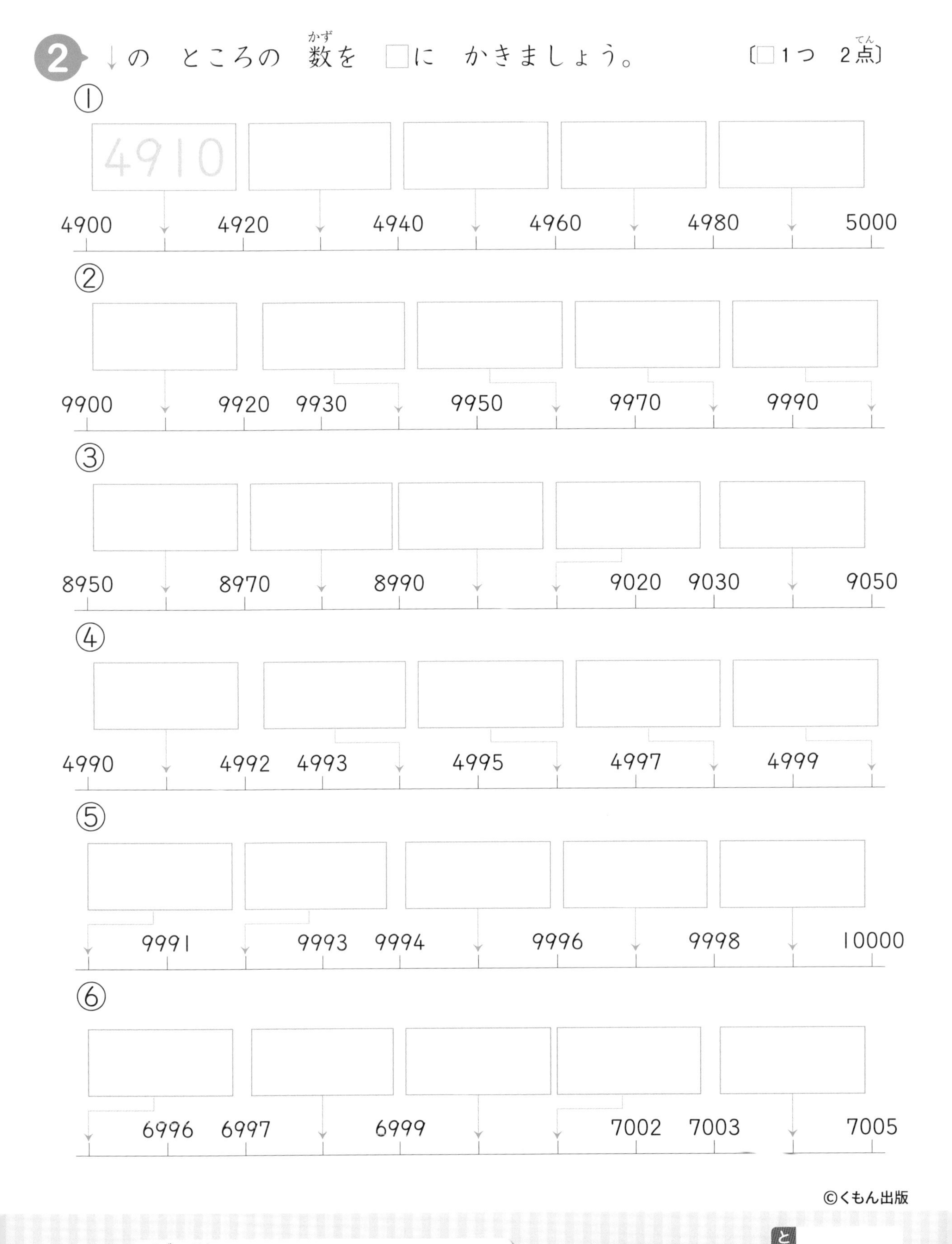




数の線を　よく　見て　こたえよう。

とくてん　　てん

# 13 10000までの 数（かず） ⑤

月　日　名まえ

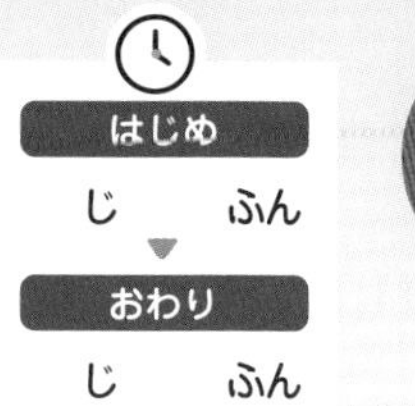

**1** 数（かず）の線（せん）を　見て，□に　あう　数（かず）を　かきましょう。〔1もん　4点（てん）〕

1 小さい　1 大きい　1 小さい　1 大きい

995　1000　1005　1010　1015

① 1000より　1　大きい　数（かず）は　□　です。

② 1000より　1　小さい　数（かず）は　□　です。

③ 1010より　1　大きい　数（かず）は　□　です。

④ 1010より　1　小さい　数（かず）は　□　です。

⑤ 1009より　1　大きい　数（かず）は　□　です。

1 小さい　1 大きい　1 小さい　1 大きい

1995　2000　2005　2010　2015

⑥ 2000より　1　大きい　数（かず）は　□　です。

⑦ 2000より　1　小さい　数（かず）は　□　です。

⑧ 2010より　1　大きい　数（かず）は　□　です。

⑨ 2010より　1　小さい　数（かず）は　□　です。

⑩ 2009より　1　大きい　数（かず）は　□　です。

## 2 □に あう 数(かず)を かきましょう。 〔1もん 5点(てん)〕

① 5000より 1 大きい 数(かず)は □ です。

② 5000より 1 小さい 数(かず)は □ です。

③ 5010より 1 大きい 数(かず)は □ です。

④ 5019より 1 大きい 数(かず)は □ です。

⑤ 7000より 1 小さい 数(かず)は □ です。

⑥ 10000より 1 小さい 数(かず)は □ です。

⑦ 9010より 1 小さい 数(かず)は □ です。

⑧ 7999より 1 大きい 数(かず)は □ です。

⑨ 6000より 1 小さい 数(かず)は □ です。

⑩ 6010より 1 小さい 数(かず)は □ です。

## 3 数(かず)の線(せん)を 見て，□に あう 数(かず)を かきましょう。 〔1もん 5点(てん)〕

0 1000 2000 3000 4000 5000 6000 7000 8000 9000 10000

① 9000より 1000 大きい 数(かず)は □ です。

② 9000より 1000 小さい 数(かず)は □ です。



まちがえた もんだいは，もう いちど やりなおして みよう。

とくてん てん

# 10000までの数 ⑥

月　日　名まえ

**1** 数が　大きい　ほうの　(　)に　○を　かきましょう。

〔1もん　5点〕

① 2000 ＝ 3000　(　)　(　)

② 5000 ＝ 4000　(　)　(　)

③ 3500 ＝ 4500　(　)　(　)

④ 6900 ＝ 9600　(　)　(　)

⑤ 5400 ＝ 5200　(　)　(　)

⑥ 8430 ＝ 8530　(　)　(　)

⑦ 2560 ＝ 2600　(　)　(　)

⑧ 3450 ＝ 3460　(　)　(　)

⑨ 8090 ＝ 8030　(　)　(　)

⑩ 6775 ＝ 6765　(　)　(　)

⑪ 4595 ＝ 4594　(　)　(　)

⑫ 7206 ＝ 7209　(　)　(　)

**2** つぎの　もんだいに　こたえましょう。　〔1もん　4点〕

① 5465より　大きい　数を，ぜんぶ　○で　かこみましょう。

7465　2465　6465　5465　8465　3465

② 5465より　大きい　数を，ぜんぶ　○で　かこみましょう。

5165　5565　5465　5965　5865　5365

③ 5465より　大きい　数を，ぜんぶ　○で　かこみましょう。

5435　5475　5425　5485　5465　5445

④ 5465より　大きい　数を，ぜんぶ　○で　かこみましょう。

5469　5461　5468　5467　5464　5466

⑤ 5465より　小さい　数を，ぜんぶ　○で　かこみましょう。

5765　4565　5290　5457　3995　6545

⑥ 7350より　大きい　数を，ぜんぶ　○で　かこみましょう。

8350　7035　7620　6985　5490　7360

⑦ 7350より　小さい　数を，ぜんぶ　○で　かこみましょう。

5730　7150　7290　6850　7400　8150

⑧ 6984より　大きい　数を，ぜんぶ　○で　かこみましょう。

6990　6094　6890　8496　5992　7014

⑨ 6984より　小さい　数を，ぜんぶ　○で　かこみましょう。

6894　8469　6992　7002　6986　5990

⑩ 3275より　小さい　数を，ぜんぶ　○で　かこみましょう。

3276　2975　3752　3209　4000　3269



もんだいを　よく　よんで　こたえよう。

とくてん　　てん

# 10000までの 数(かず) ⑦

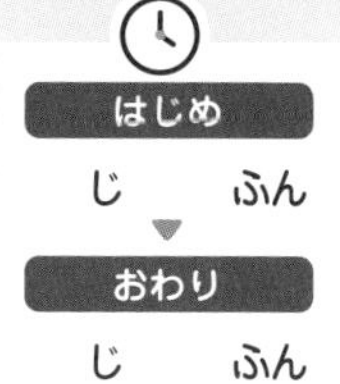

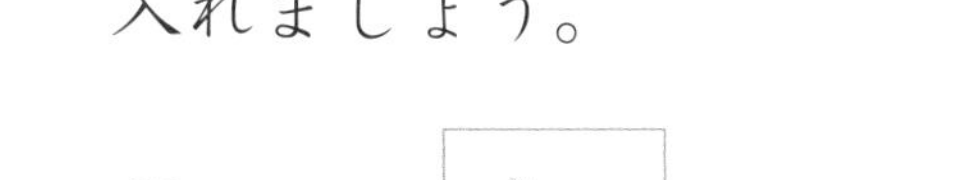


名まえ

**1** 左と　右の　数(かず)の　大きさを　くらべて，□に　＞か，＜を　かき入れましょう。　〔1もん　4点(てん)〕

① 400 [＞] 100

② 200 [＜] 300

③ 140 [　] 230

④ 720 [　] 450

**おぼえておこう**

5は　4より　大きいことを
5＞4
8は　10より　小さいことを
8＜10
と　あらわします。

⑤ 580 [　] 610

⑥ 230 [　] 190

⑦ 362 [　] 832

⑧ 614 [　] 758

⑨ 563 [　] 539

⑩ 239 [　] 321

⑪ 485 [　] 489

⑫ 198 [　] 193

⑬ 929 [　] 936

⑭ 754 [　] 753

⑮ 867 [　] 875

⑯ 292 [　] 289

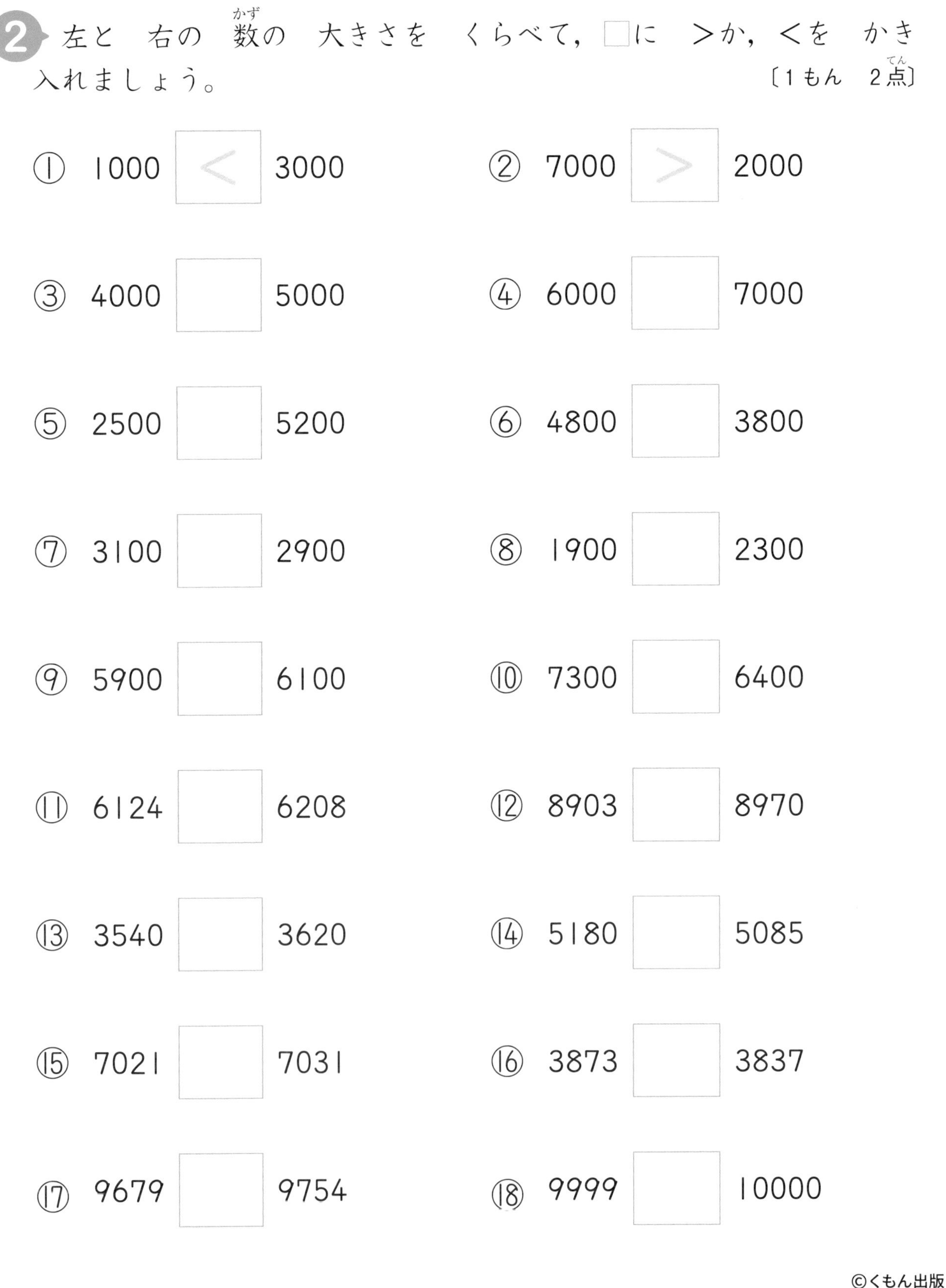

**2** 左と　右の　数(かず)の　大きさを　くらべて，□に　＞か，＜を　かき入れましょう。　〔1もん　2点(てん)〕

| | | | | | | | |
|---|---|---|---|---|---|---|---|
| ① | 1000 | ＜ | 3000 | ② | 7000 | ＞ | 2000 |
| ③ | 4000 | □ | 5000 | ④ | 6000 | □ | 7000 |
| ⑤ | 2500 | □ | 5200 | ⑥ | 4800 | □ | 3800 |
| ⑦ | 3100 | □ | 2900 | ⑧ | 1900 | □ | 2300 |
| ⑨ | 5900 | □ | 6100 | ⑩ | 7300 | □ | 6400 |
| ⑪ | 6124 | □ | 6208 | ⑫ | 8903 | □ | 8970 |
| ⑬ | 3540 | □ | 3620 | ⑭ | 5180 | □ | 5085 |
| ⑮ | 7021 | □ | 7031 | ⑯ | 3873 | □ | 3837 |
| ⑰ | 9679 | □ | 9754 | ⑱ | 9999 | □ | 10000 |



まちがえた　もんだいは，もう　いちど　やりなおして　みよう。

とくてん　　てん

# 16 時こくと　時間 ①

月　　日　名まえ

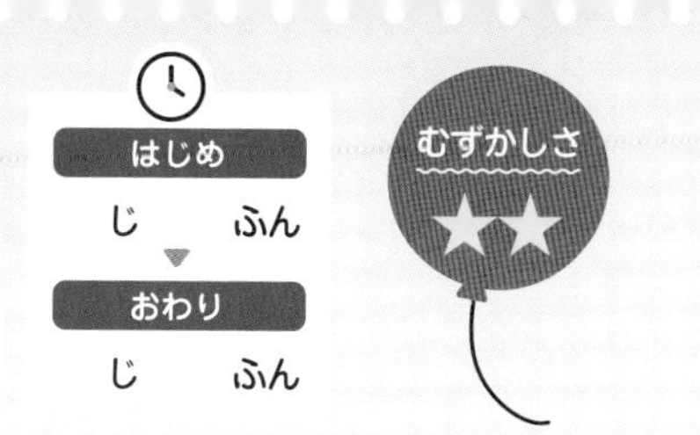


**1** □に　あう　数を　かきましょう。　〔1もん　6点〕

① とけいの　長い　はりが　1目もり
うごくと　□　分です。

② とけいの　長い　はりが　2目もり
うごくと　□　分です。

③ 3分　たつと　長い　はりは　□　目もり　うごきます。

④ 長い　はりが　1まわりすると　□　分です。

⑤ 長い　はりが　1まわりすると　□　時間です。

⑥ 1時間　＝　□　分です。

⑦ 長い　はりが　2まわりすると　□　分です。

⑧ 長い　はりが　2まわりすると　□　時間です。

⑨ 2時間　＝　□　分です。

⑩ 1時間30分は，長い　はりが　1まわりはんですから，□　分
です。

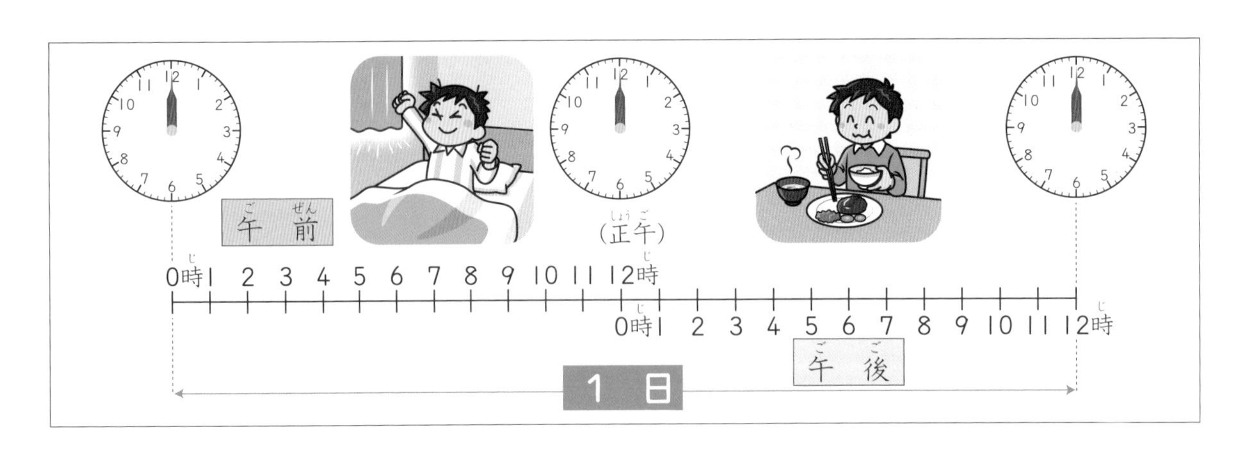


**2** 上の　ずを　見て，□に　あてはまる　数や　ことばを　かきましょう。〔1もん　5点〕

① ま夜中の　0時から　ひるの　12時までを　□　と　いいます。

② ひるの　12時から　ま夜中の　12時までを　□　と　いいます。

③ ひるの　12時の　ことを　□　と　いいます。

④ 午後12時の　ことを　□　0時とも　いいます。

⑤ 午前0時から　正午までの　時間は　□　時間です。

⑥ 正午から　午後12時までの　時間は　□　時間です。

⑦ 1日は　午前が　□　時間，午後が　□　時間　あります。

⑧ 1日 ＝ □　時間です。



とけいの　ずを　よく　見て　こたえよう。

とくてん　　てん

# 17 時こくと 時間 ②

月　日　名まえ

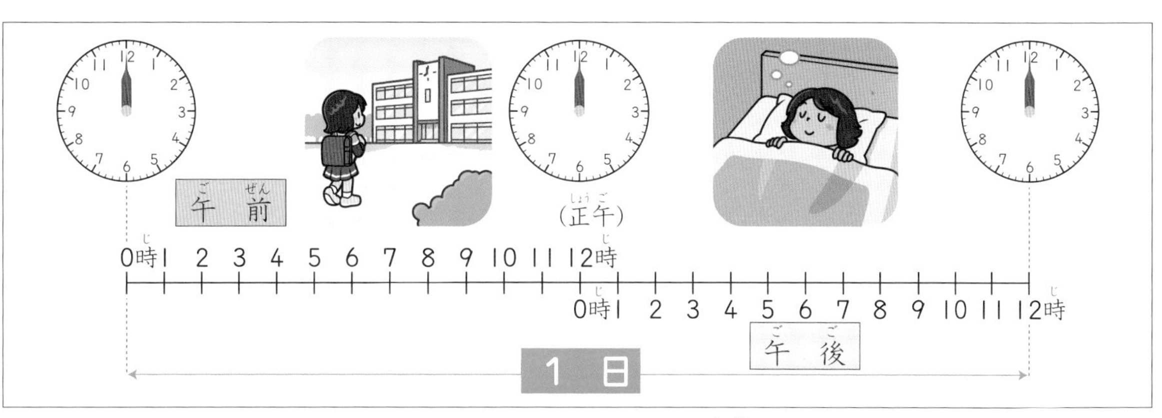


**1** 上の ずを 見て，□に あてはまる 数を かきましょう。

〔1もん 5点〕

① とけいの みじかい はりは，午前 □ 時から 正午までで 1まわりします。

② とけいの みじかい はりは，正午から 午後 □ 時までで 1まわりします。

③ とけいの みじかい はりは，□ 時間で 1まわりします。

④ とけいの みじかい はりは，1日に □ まわりします。

⑤ 午前0時から 午前7時までの 時間は □ 時間です。

⑥ 午後0時から 午後7時までの 時間は □ 時間です。

⑦ 午前0時から 10時間 すぎると，時こくは 午前 □ 時です。

⑧ 正午から □ 時間 すぎると，時こくは 午後11時です。

## 2 午前，午後を　かんがえて，つぎの　時こくを　かきましょう。

〔1もん　6点〕

① あさ

（午前　　　）

② ひる

③ ひる

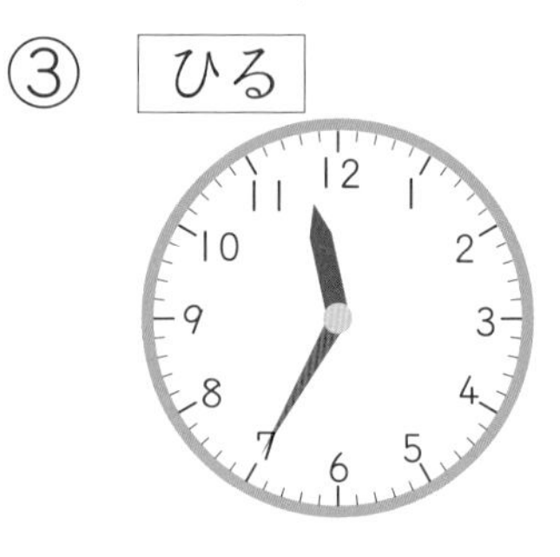

④ ひる

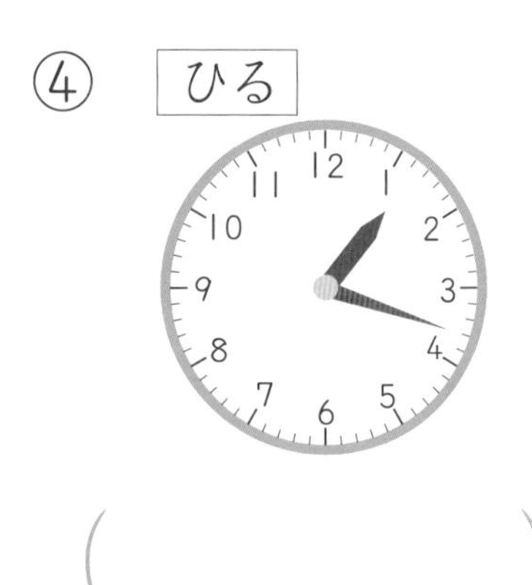

（　　　　　）

⑤ あさ

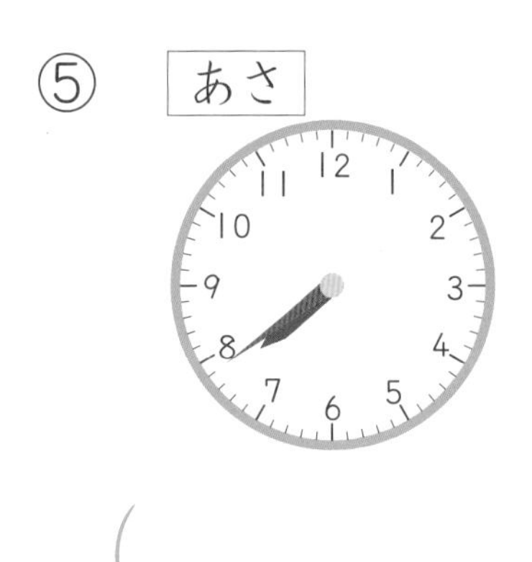

（　　　　　）

⑥ よる

（　　　　　）

## 3 下の　とけいを　見て，つぎの　時こくを　こたえましょう。

〔1もん　6点〕

午前

① 30分まえの　時こく　（　　　　　）

② 30分あとの　時こく　（　　　　　）

③ 1時間まえの　時こく　（　　　　　）

④ 1時間あとの　時こく　（　　　　　）



とけいの　ずを　よく　見て　こたえよう。

とくてん　　　　てん

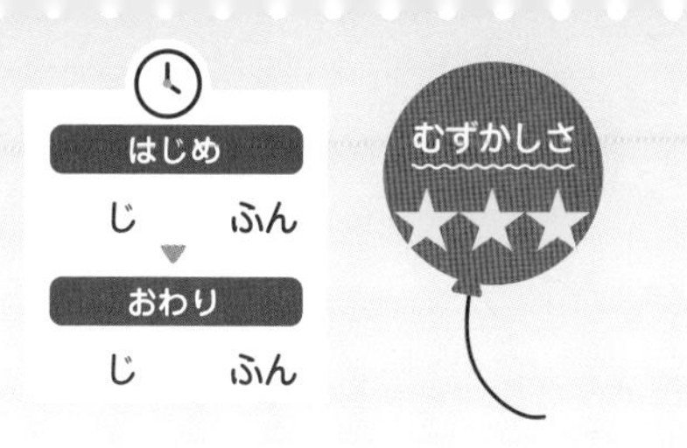


**1** 左の　時こくから　右の　時こくまでの　時間は　なん分ですか。

〔1もん　5点〕

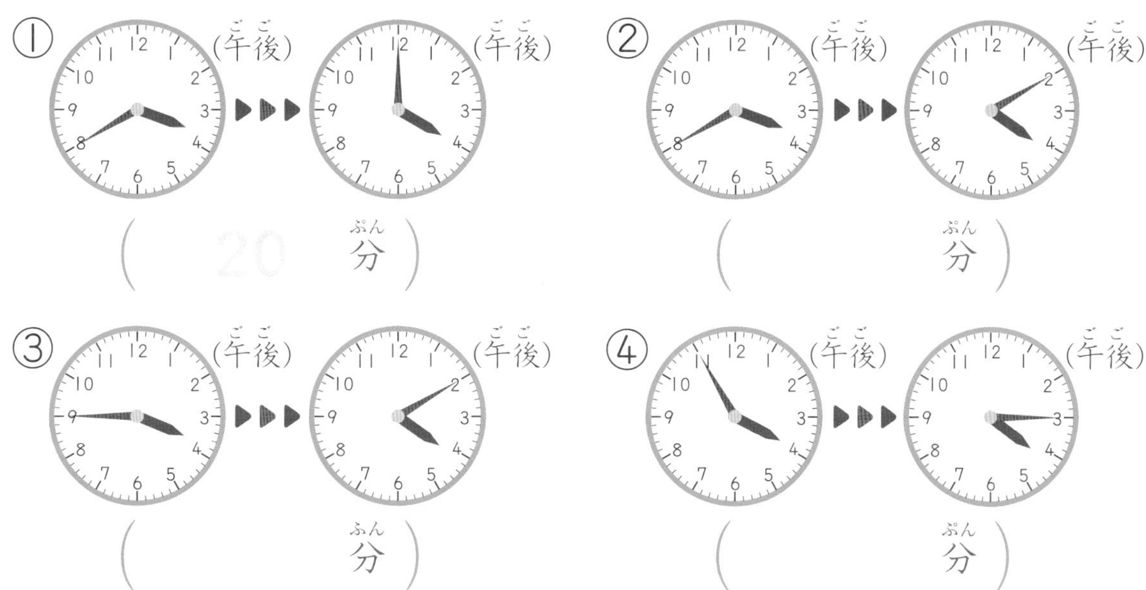


**2** 左の　時こくから　右の　時こくまでの　時間を　こたえましょう。

〔1もん　6点〕

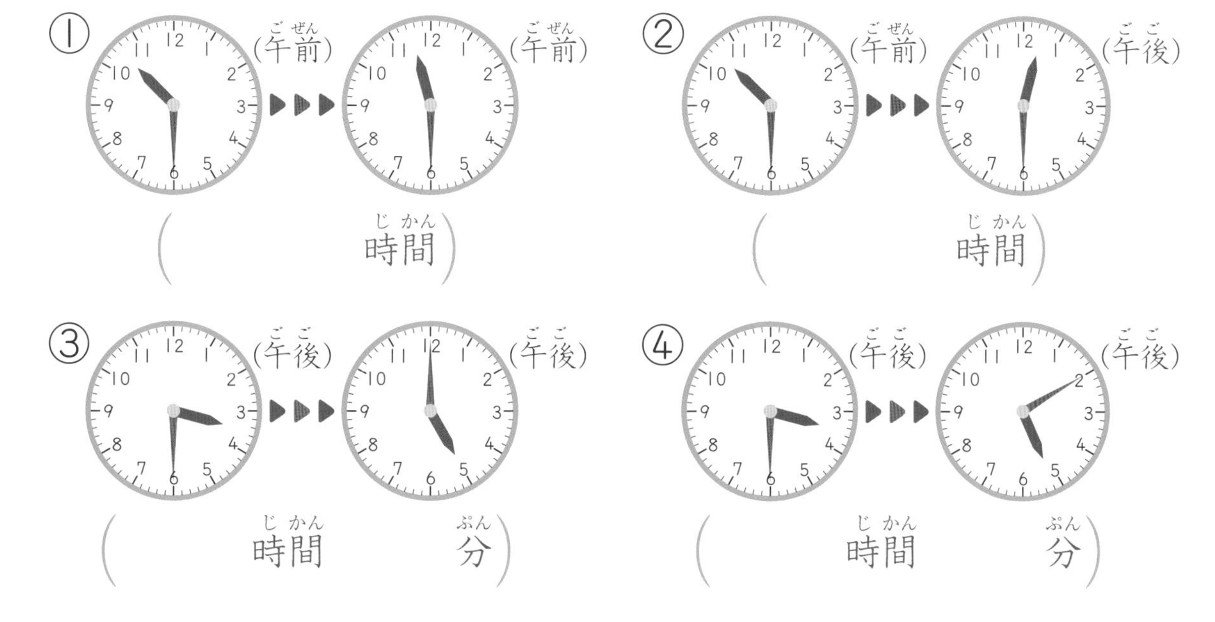

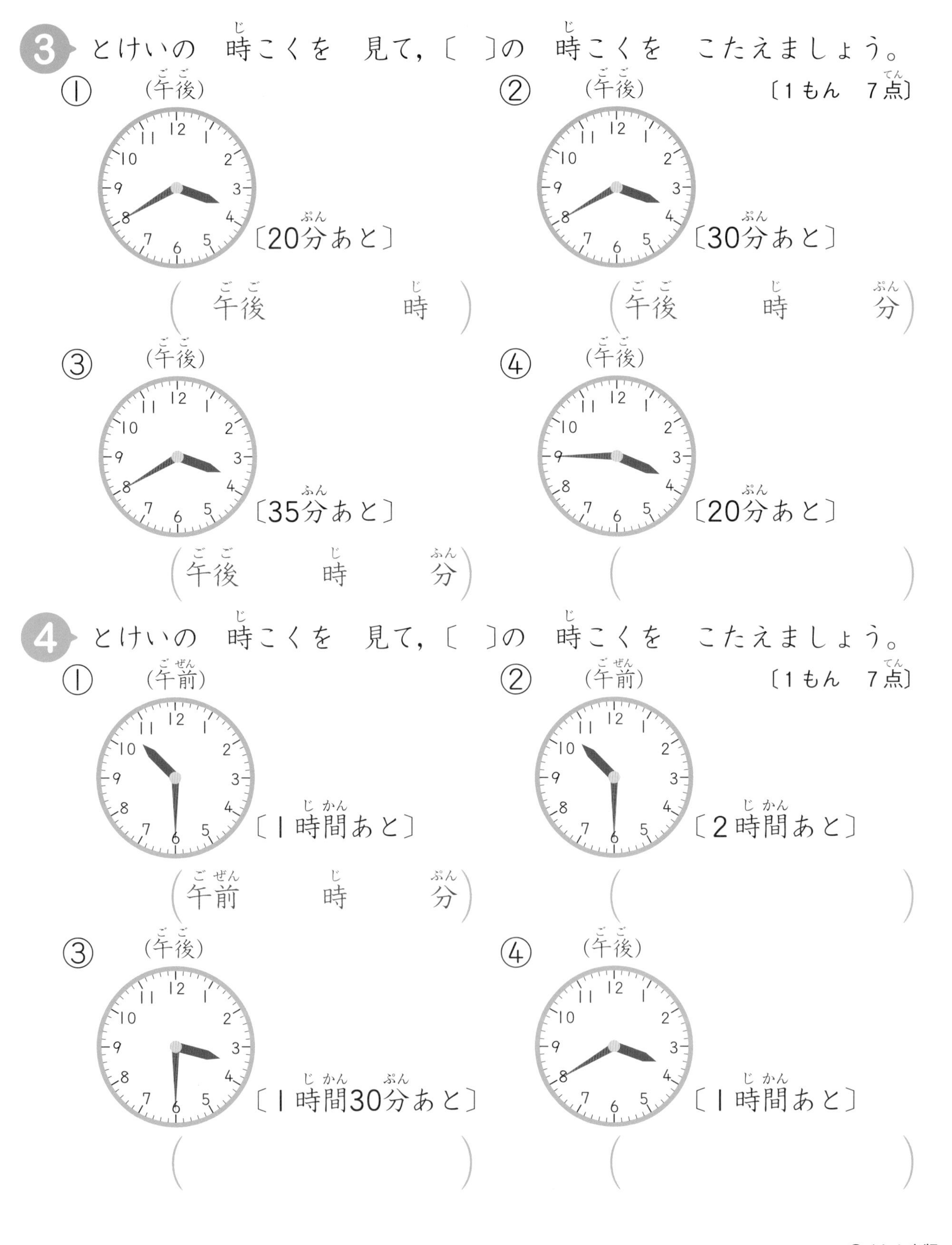




とけいの　ずを　よく　見て　こたえよう。

とくてん　　　てん

**1** こうさくようしの　目もりを　つかって，本の　長さを　しらべようと　おもいます。しらべかたの　正しい　ほうに　○を　つけましょう。

〔20点〕

① 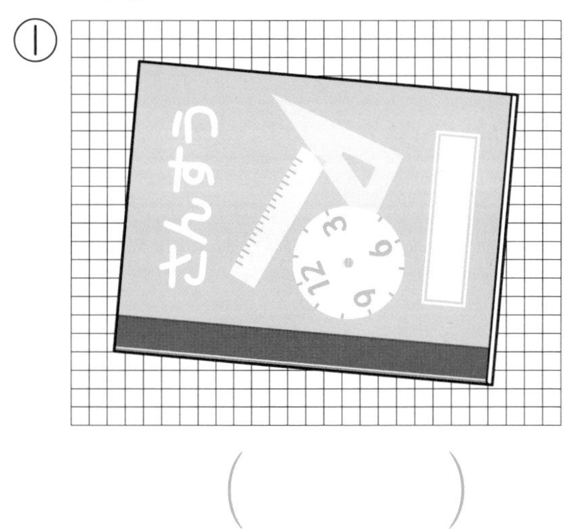


（　　　）

② 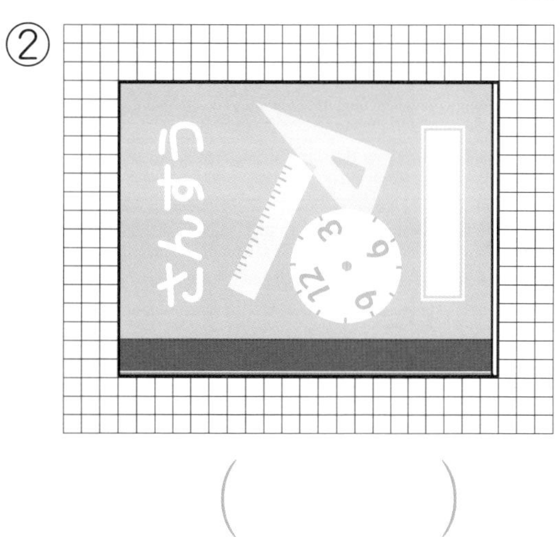


（　　　）

**2** こうさくようしの　目もりを　つかって，本の　たてと　よこの　長さを　くらべて　います。□に　あう　数を　かきましょう。

〔1もん　10点〕

① たての　長さは，目もり　□　こぶんです。

② よこの　長さは，目もり　□　こぶんです。

③ たては，よこより　目もりで　□　こぶん　長いです。

**3** 下の　こうさくようしの　１目もりの　長(なが)さは　**１cm（１センチメートル）**です。それぞれの　ものの　長(なが)さは　なんcmですか。

〔1もん　10点(てん)〕

①（かみテープ）

（ 3 cm）

②（けしゴム）

（　　cm）

③（木のは）

（　　cm）

④（はがきの　よこ）

郵便はがき

（　　cm）

⑤（サインペン）

（　　）



目もりと　えを　よく　見て　こたえよう。

とくてん　　てん

**1** 下の ものさしの 左はしから ↓までの 長さを □に かきましょう。 〔□1つ 5点〕

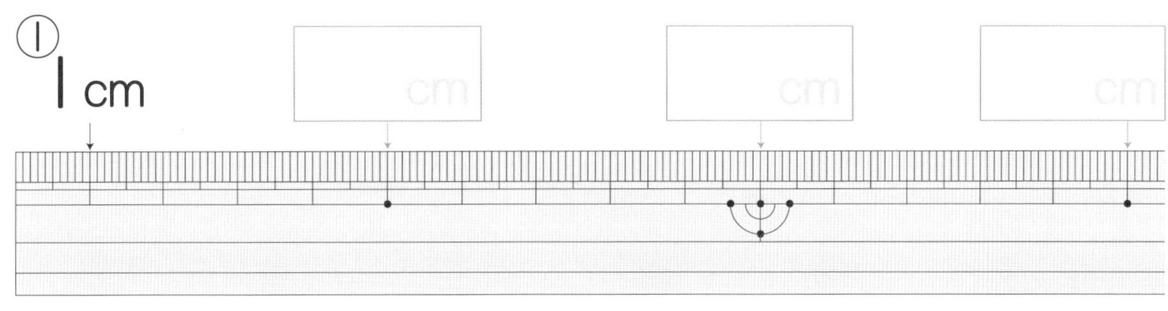

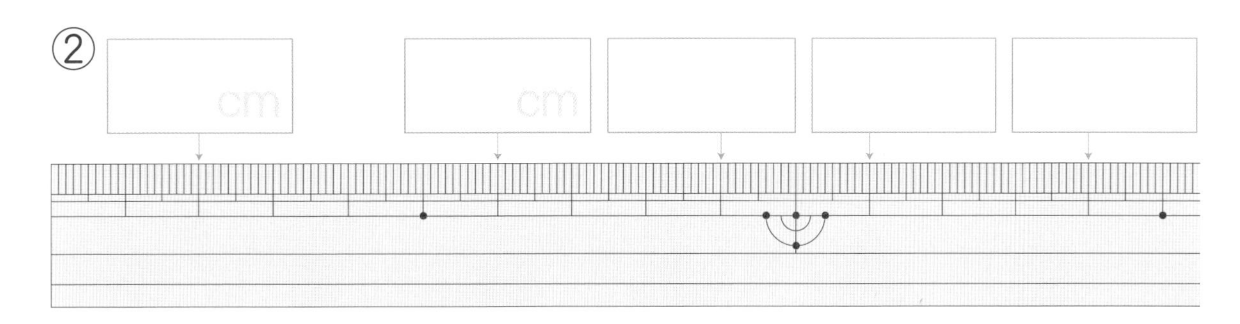


**2** つぎの 線（▬▬）の 長さは なんcmですか。 〔1もん 5点〕

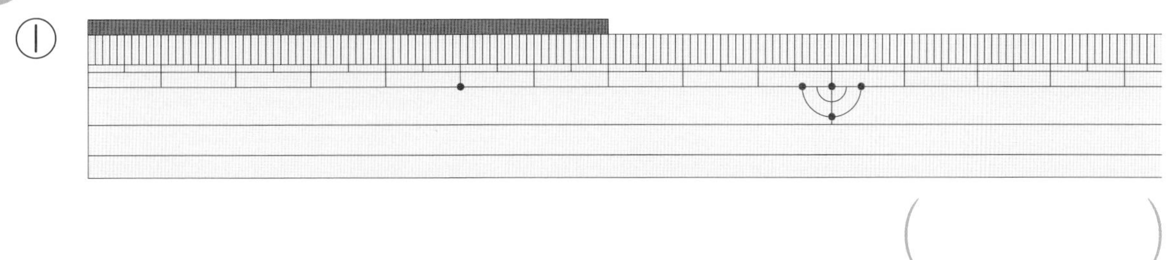


（ ）

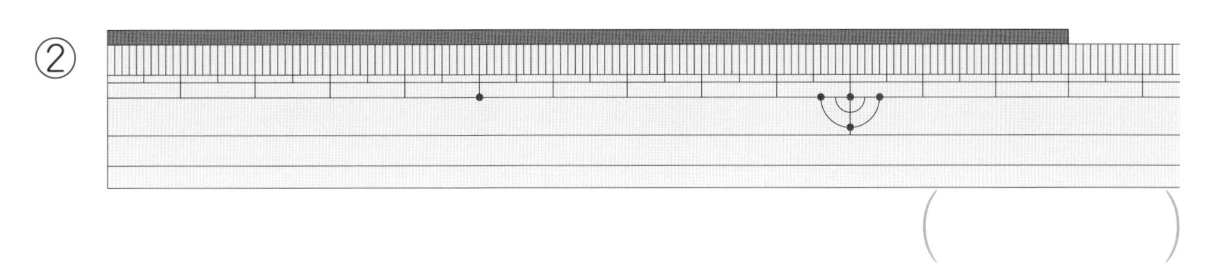


（ ）

**3** つぎの　かみテープ(　　)の　長(なが)さは　なんcmですか。

〔1もん　10点(てん)〕

①

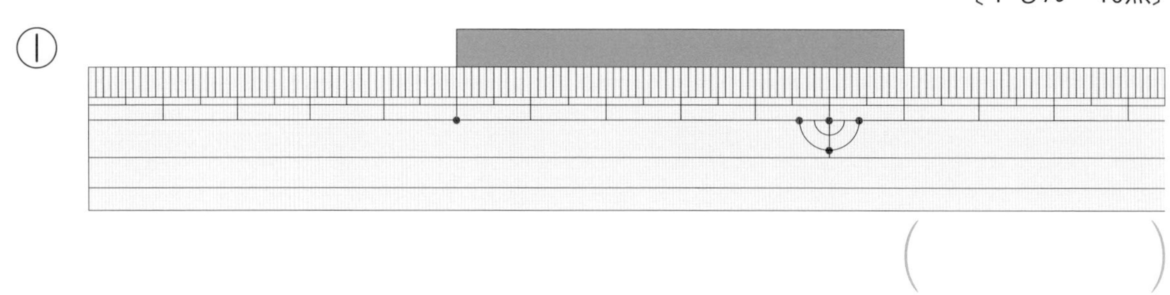

(　　　　)

②

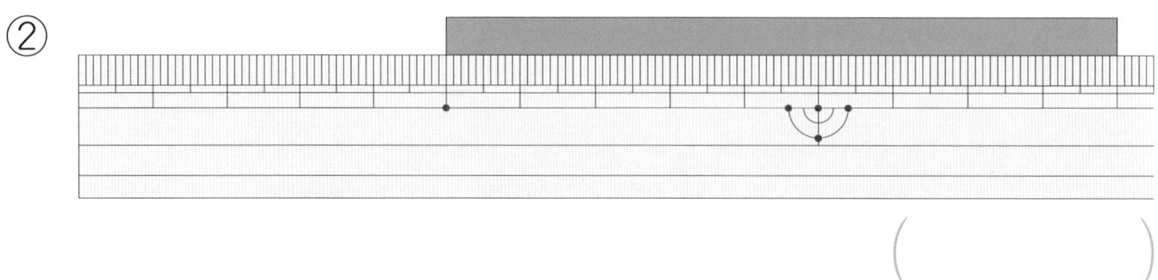

(　　　　)

③

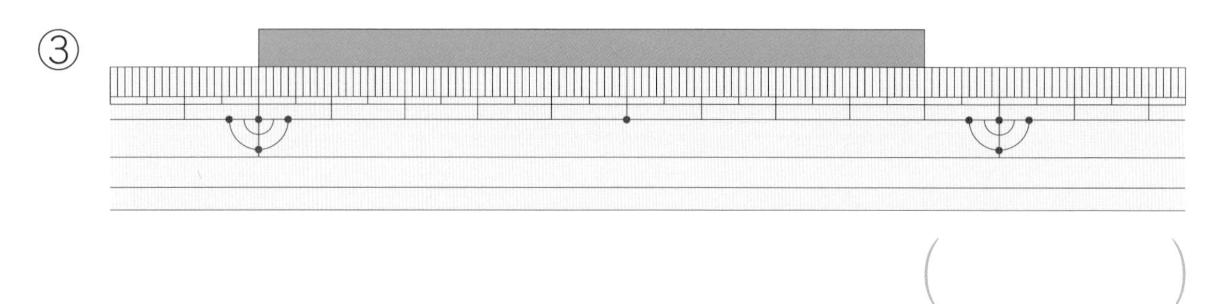

(　　　　)

④

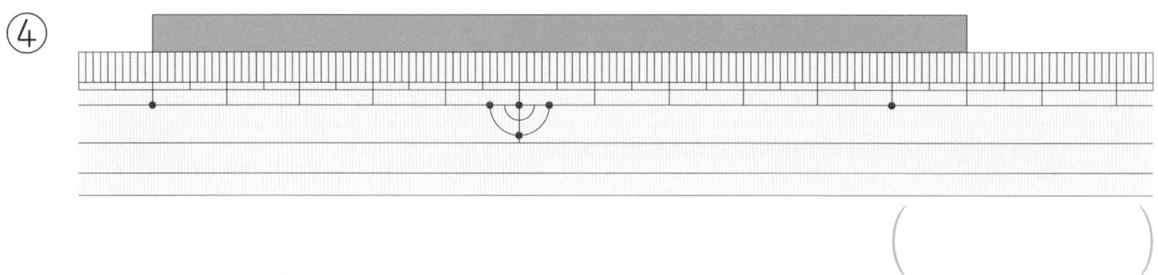

(　　　　)

⑤

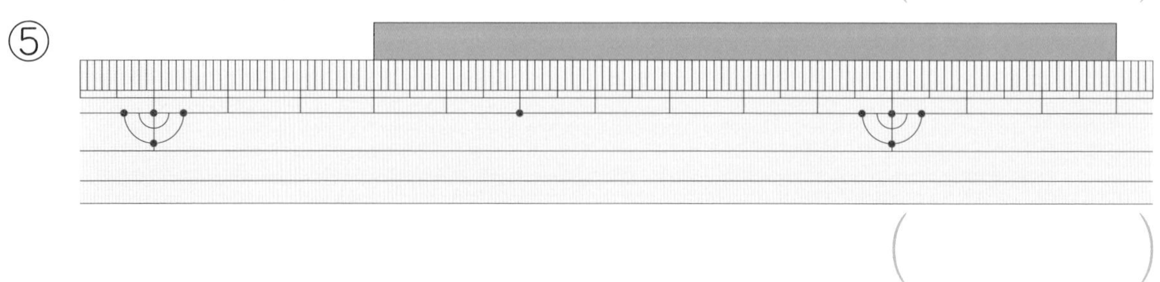

(　　　　)



ものさしの　目もりを　よく　見て　こたえよう。

とくてん　　てん

# 長(なが)さ ③

月　日　名まえ

**1** ｜cmを　10こに　わけた　｜目もりの　長(なが)さは　**｜mm（｜ミリメートル）**です。下の　ものさしの　左はしから　↓までの　長(なが)さは　なんmmですか。□に　かきましょう。〔1もん　3点(てん)〕

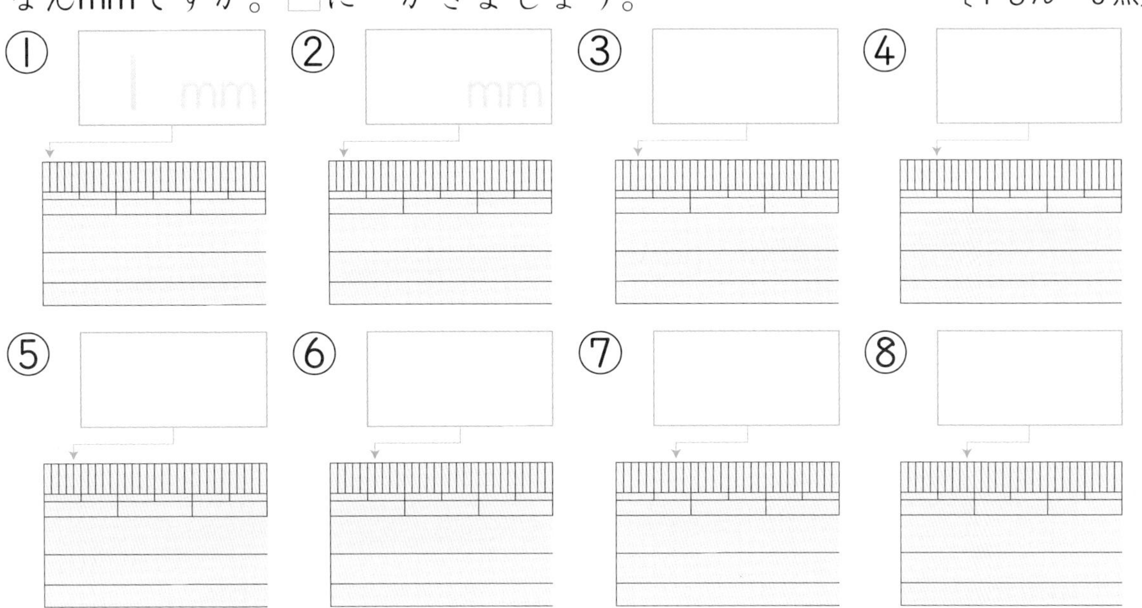


**2** ものさしの　左はしから　↓までの　長(なが)さは　なんmmですか。□に　かきましょう。〔1もん　3点(てん)〕

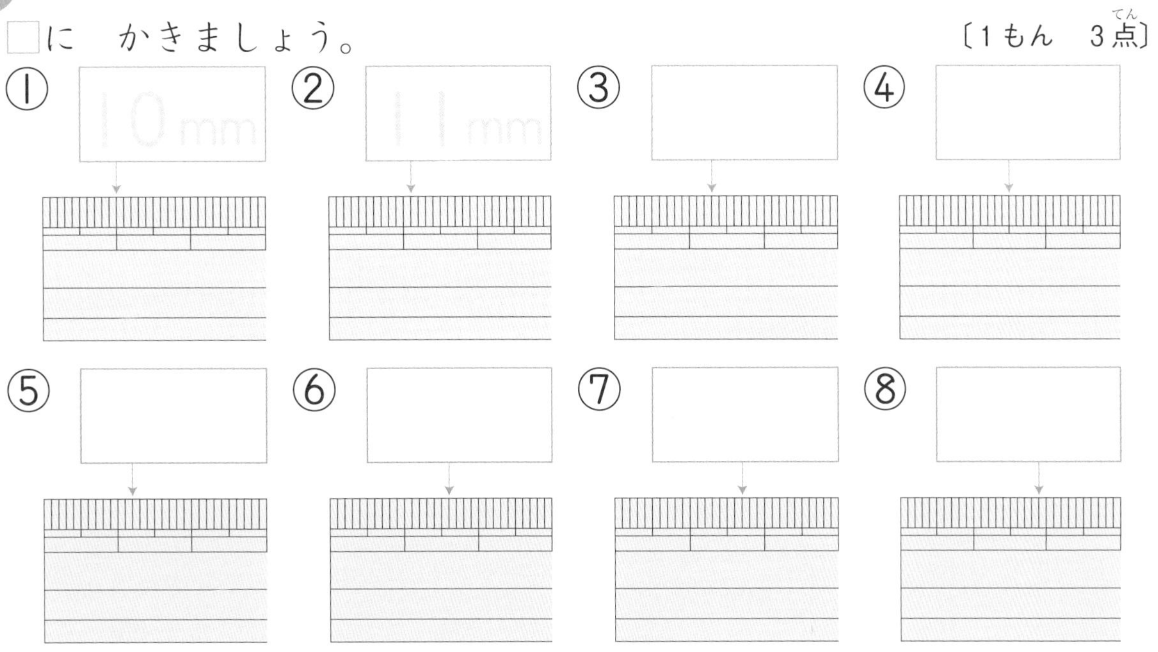

**3** 1 cm＝10 mmです。ものさしの　左はしから　↓までの　長さは　なんmmですか。□に　かきましょう。〔□1つ　3点〕

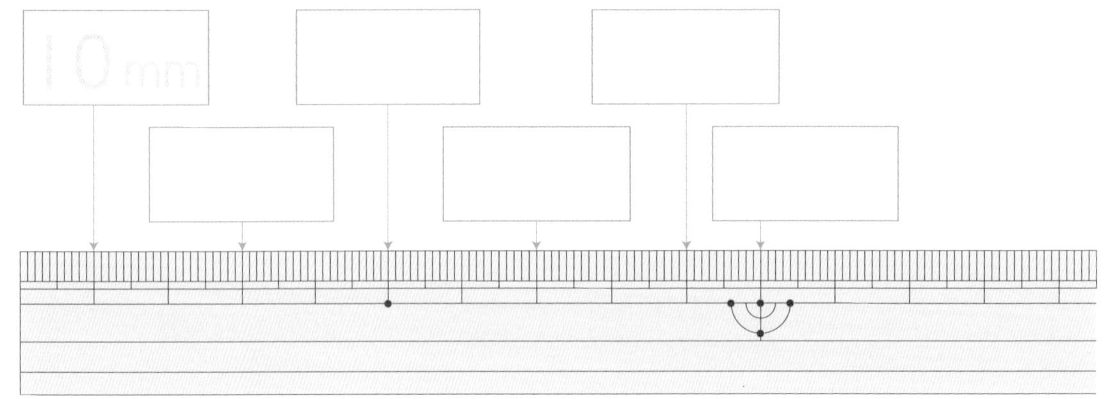


**4** つぎの　線の　長さは　なんmmですか。〔1もん　4点〕

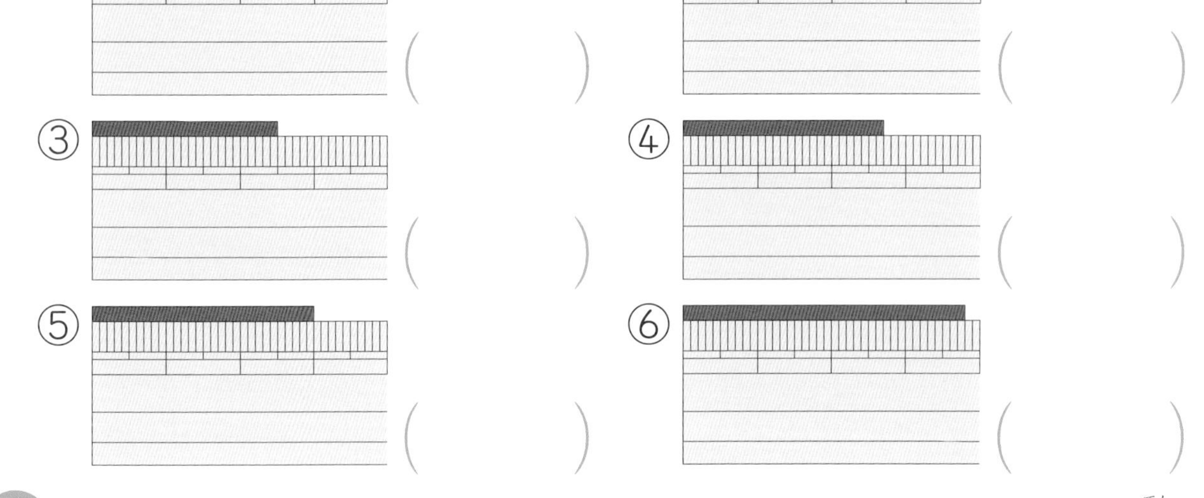


**5** つぎの　本の　あつさは　なんmmですか。〔1もん　5点〕

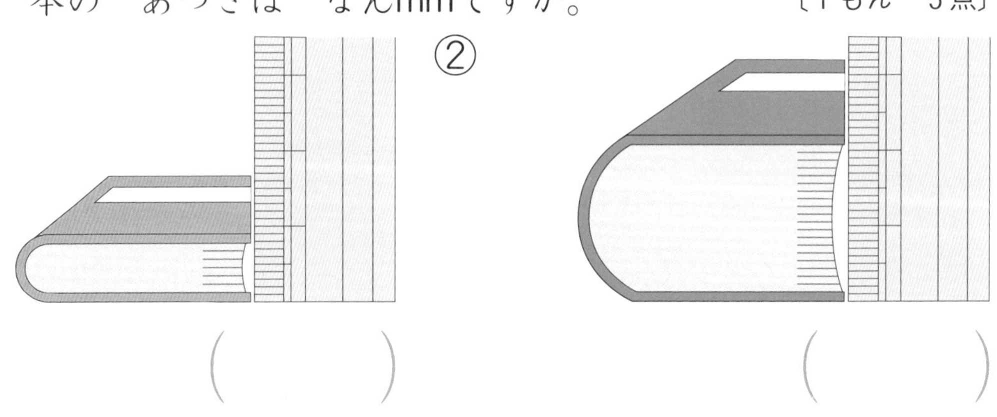




ものさしの　目もりを　よく　見て　こたえよう。

てん

**1** ものさしの　左はしから　↓までの　長さは　なんcmなんmmですか。□に　かきましょう。〔□1つ　5点〕

①

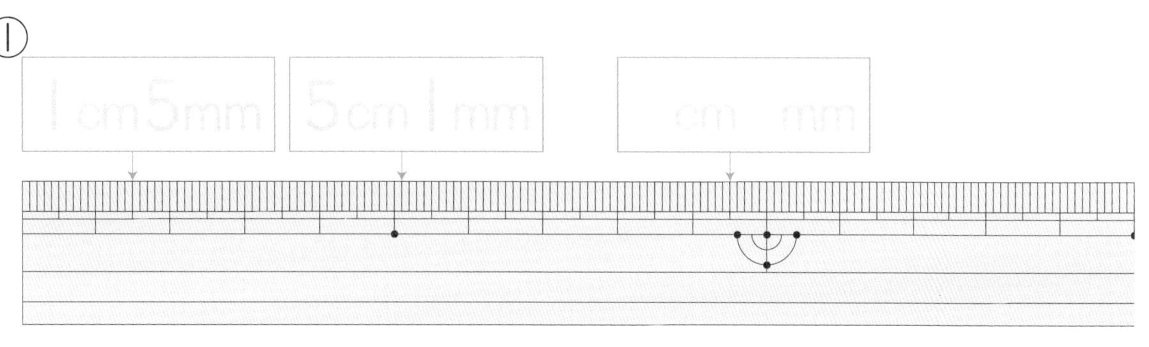


②

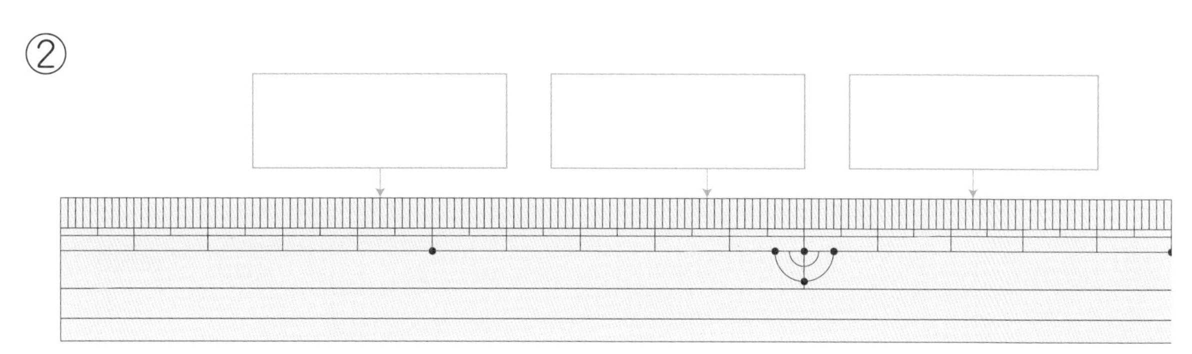

**2** つぎの　線の　長さは　なんcmなんmmですか。〔1もん　10点〕

①

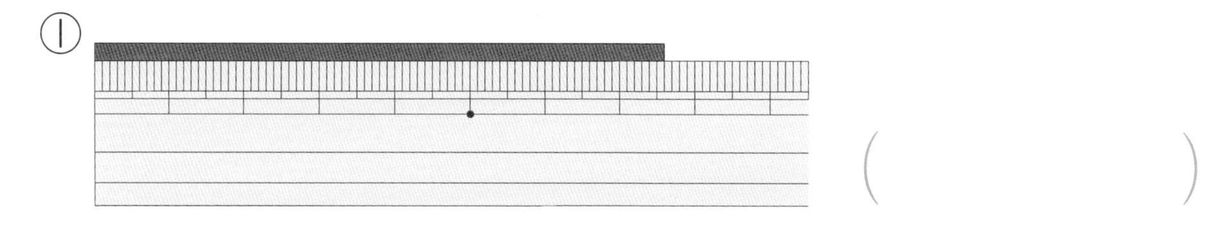

（　　　　　）

②

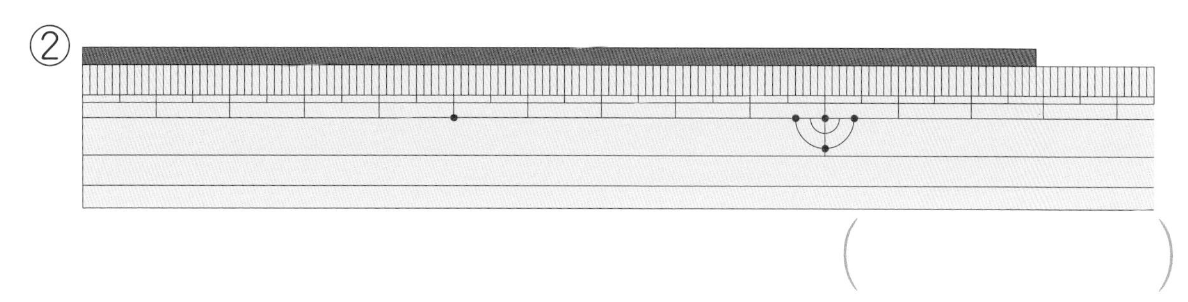

（　　　　　）

**3** つぎの　かみテープの　長さは　なんcmなんmmですか。

〔1もん　10点〕

①
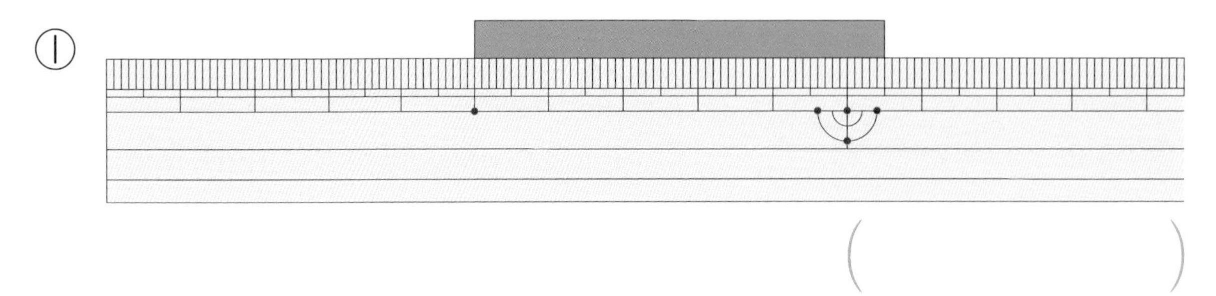

（　　　　　　　）

②
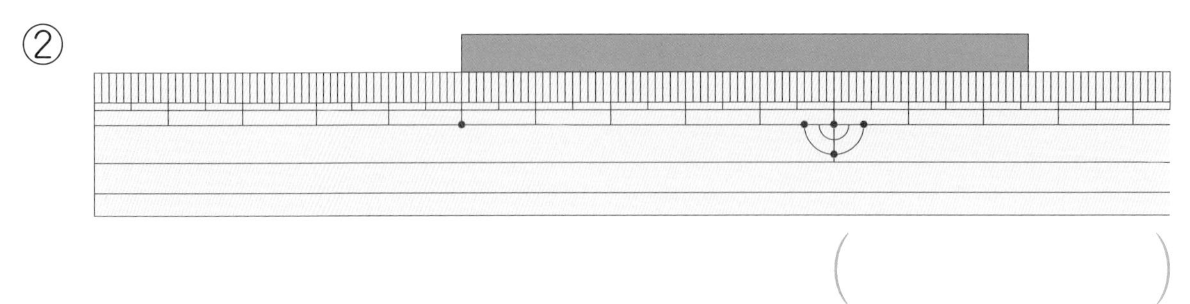

（　　　　　　　）

③
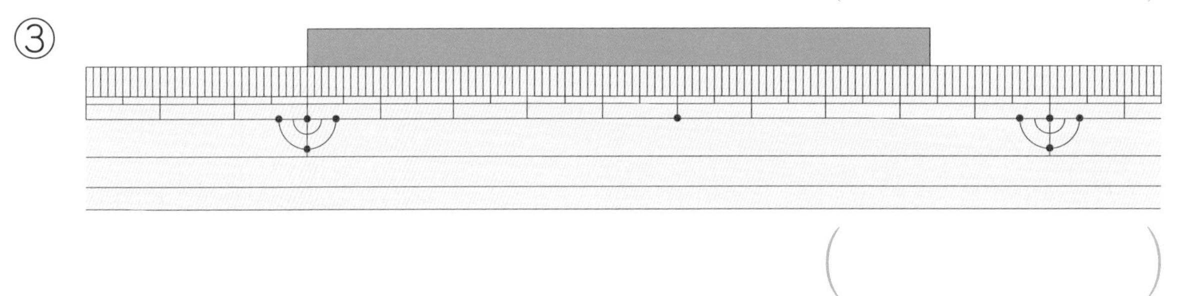

（　　　　　　　）

④
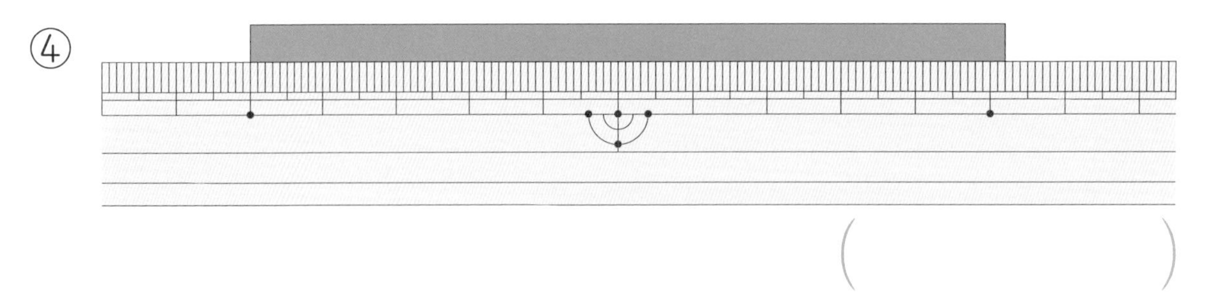

（　　　　　　　）

⑤
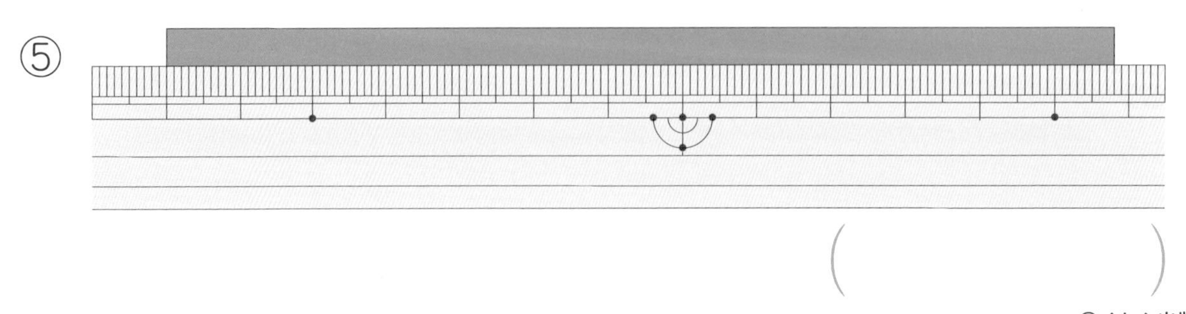

（　　　　　　　）



cmは　センチメートル，mmは　ミリメートルと
よむよ。

てん

**1** 30cmの ものさしを ならべて います。 ↔ （やじるしの 左から 右まで）の 長さは なんcmですか。 〔1もん 5点〕

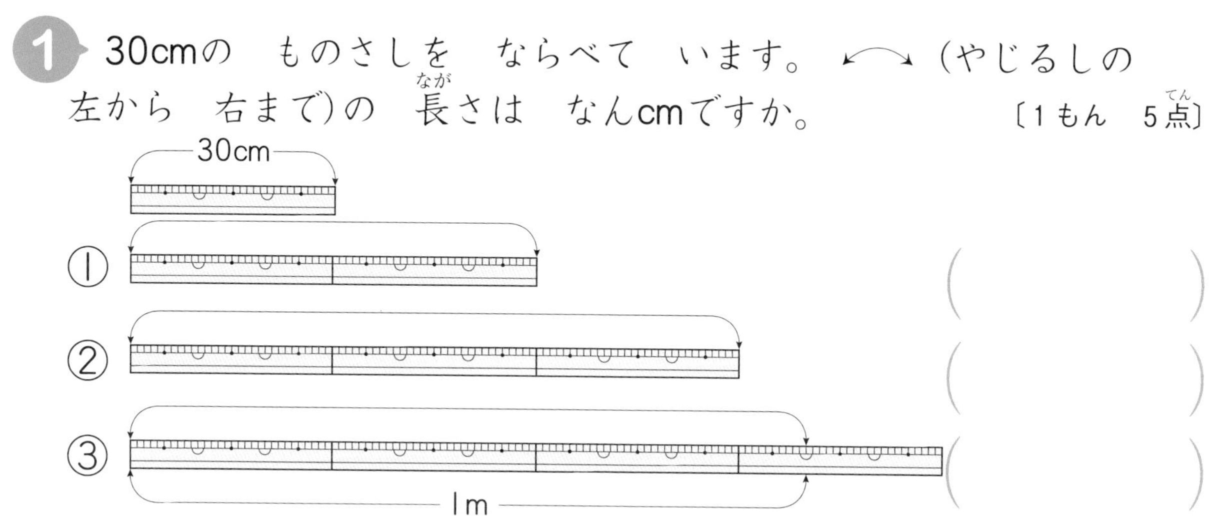


（　　　）

（　　　）

（　　　）

**2** 1m（1メートル）の ものさしを 下のように ならべて います。 ↔ の 長さは なんmですか。 〔1もん 5点〕

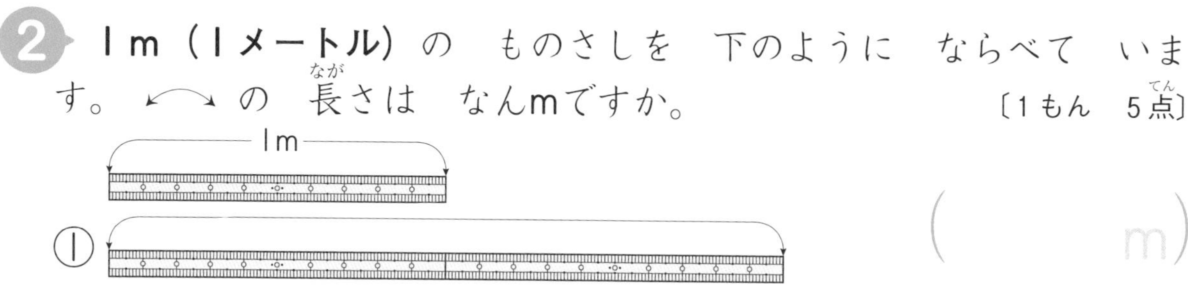


（　　　m）

（　　　）

**3** 1m＝100cmです。1mの ものさしを ならべて います。 ↔ の 長さは なんmなんcmですか。 〔1もん 5点〕

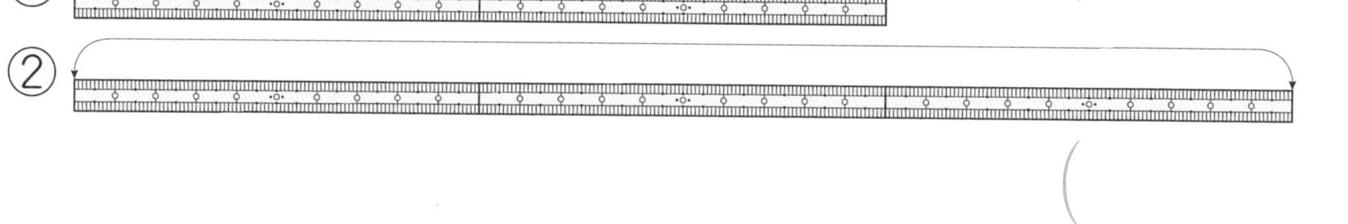


（ 1m 50cm ）

（　　　）

③

（　　　）

## 4 □に　あてはまる　数(かず)を　かきましょう。　〔1もん　2点(てん)〕

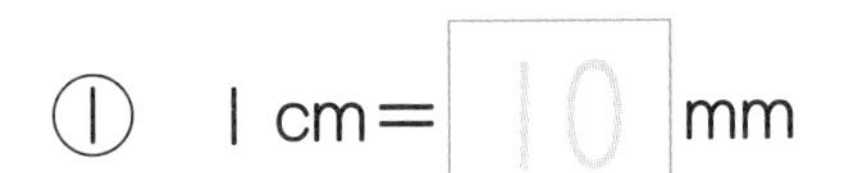

① 1 cm＝［10］mm

② 1 cm 5 mm＝［　］mm

③ 2 cm＝［　］mm

④ 2 cm 5 mm＝［　］mm

⑤ 3 cm 1 mm＝［　］mm

⑥ 3 cm 8 mm＝［　］mm

⑦ 10mm＝［1］cm

⑧ 16mm＝［　］cm［　］mm

⑨ 22mm＝［　］cm［　］mm

⑩ 27mm＝［　］cm［　］mm

⑪ 30mm＝［　］cm

⑫ 35mm＝［　］cm［　］mm

## 5 □に　あてはまる　数(かず)を　かきましょう。　〔1もん　3点(てん)〕

① 1 m＝［100］cm

② 1 m10cm＝［　］cm

③ 1 m55cm＝［　］cm

④ 2 m＝［　］cm

⑤ 2 m 5 cm＝［　］cm

⑥ 2 m47cm＝［　］cm

⑦ 100cm＝［1］m

⑧ 150cm＝［　］m［　］cm

⑨ 185cm＝［　］m［　］cm

⑩ 210cm＝［　］m［　］cm

⑪ 263cm＝［　］m［　］cm

⑫ 305cm＝［　］m［　］cm



センチメートルと　ミリメートルの　かんけいが
わかったかな？

とくてん　　　てん

**1** つぎの かみテープの 長さを ものさしで はかって （ ）に かきましょう。 〔1もん 6点〕

① （ cm）

② （ cm）

③ （ cm）

④ （ cm）

⑤ （ mm）

⑥ （ cm mm）

⑦ （ cm mm）

⑧ （ cm mm）

⑨ （ cm mm）

⑩ （ cm mm）

**2** つぎの 長さの 直線を，左はしから ……… に そって （ ）に かきましょう。 〔1もん 5点〕

① 5 cm

② 11 cm

③ 6 cm 2 mm

④ 12 cm 8 mm

**3** つぎの 長さの 直線を，ものさしの 左はしから ……… に そって かきましょう。 〔1もん 5点〕

① 4 cm 5 mm

② 9 cm 5 mm

③ 7 cm 3 mm

④ 11 cm 4 mm

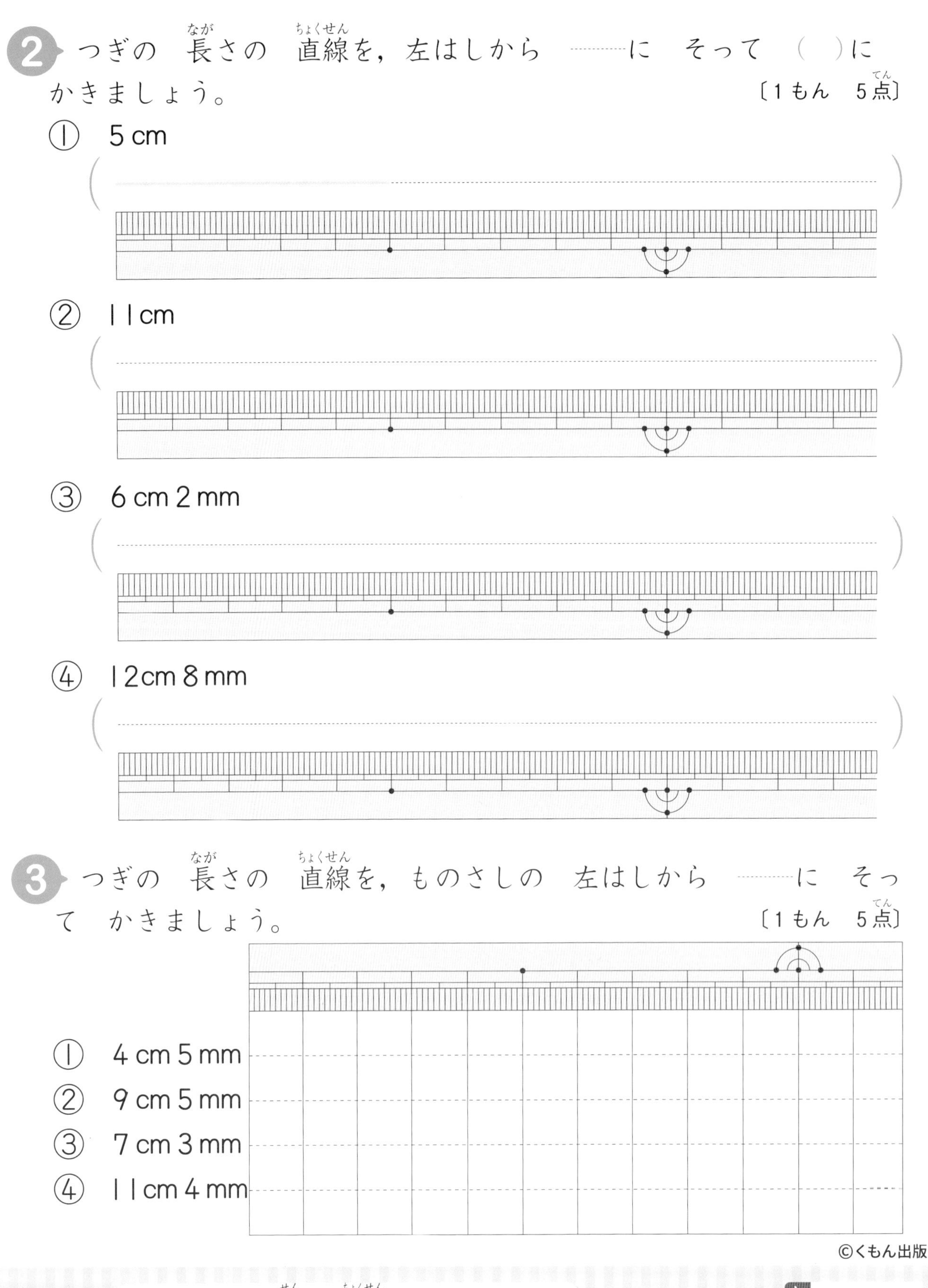



まっすぐな 線を 直線と いうよ。
ものさしの 目もりを よく 見て かこう。

とくてん てん

# 25 かさ(たいせき) ①

月　　日　名まえ

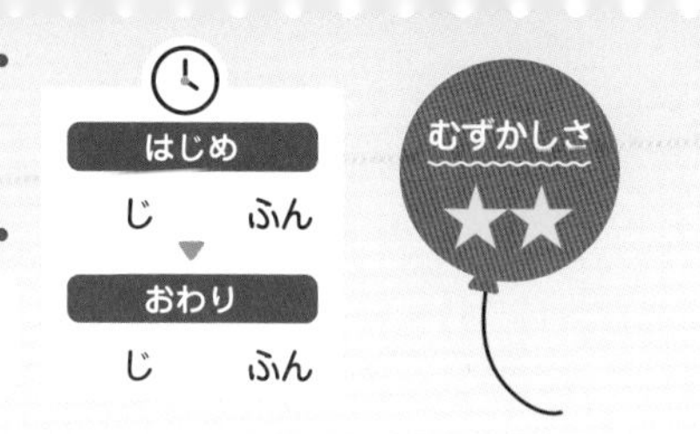


**1** つぎの　水の　かさは　ぜんぶで　なんdL(**デシリットル**)ですか。

〔1もん　4点〕

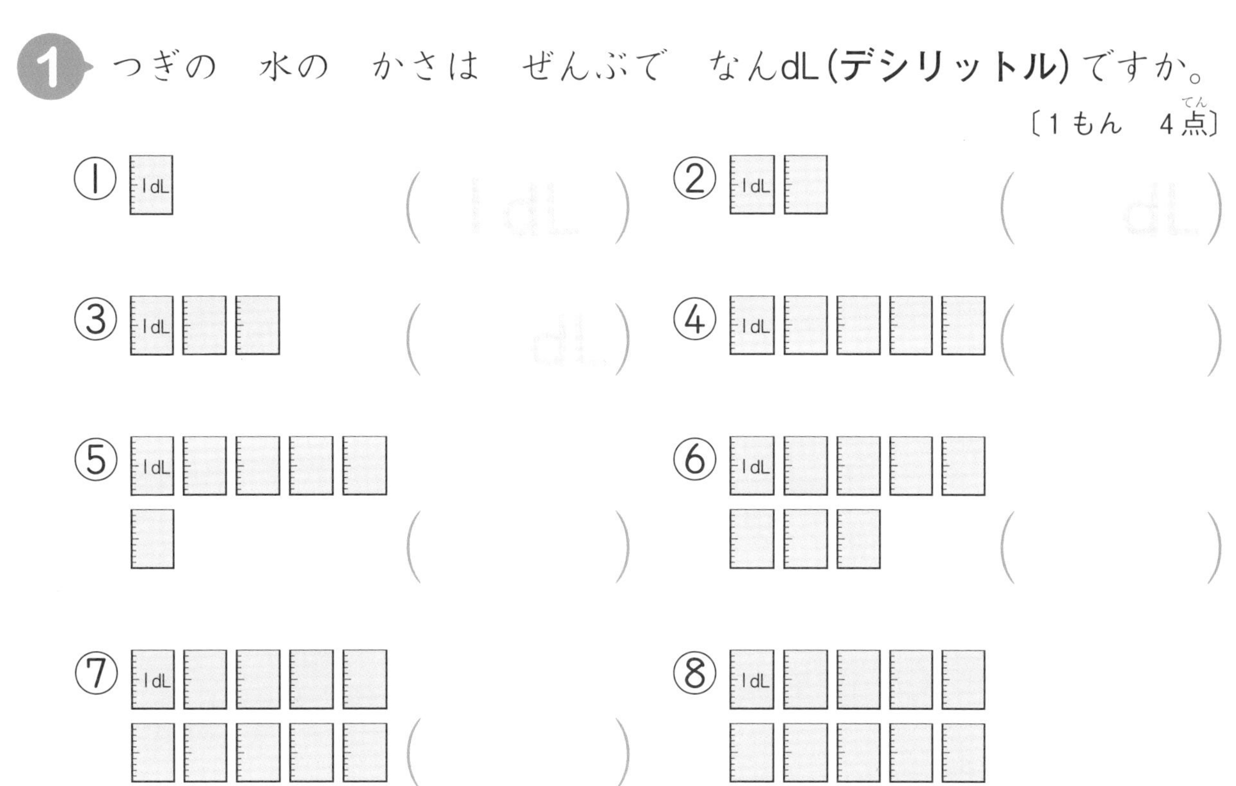


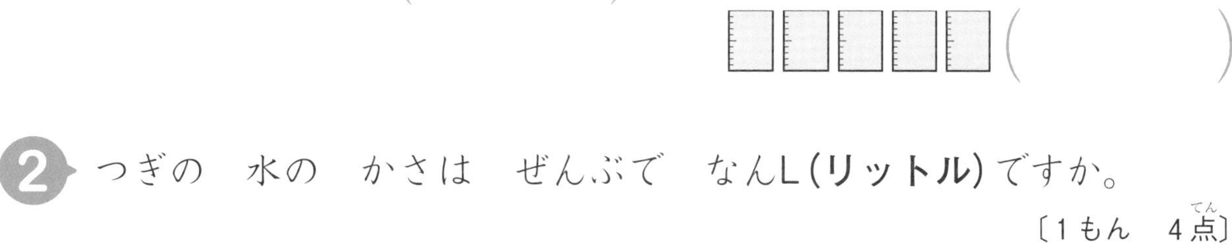


**2** つぎの　水の　かさは　ぜんぶで　なんL(**リットル**)ですか。

〔1もん　4点〕

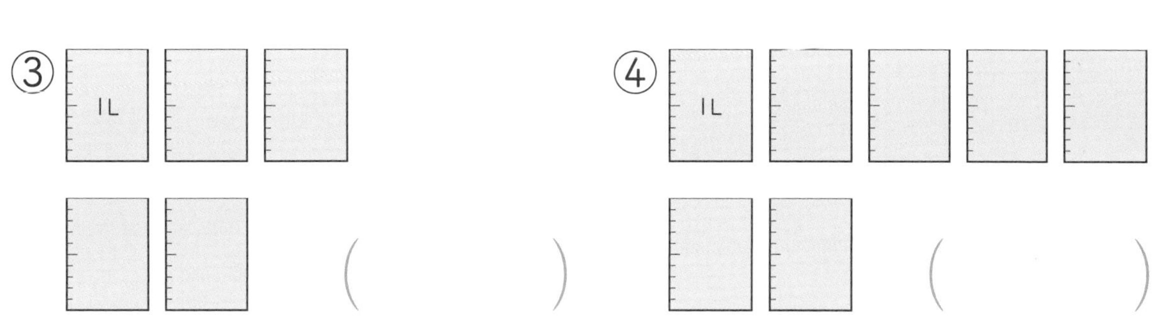

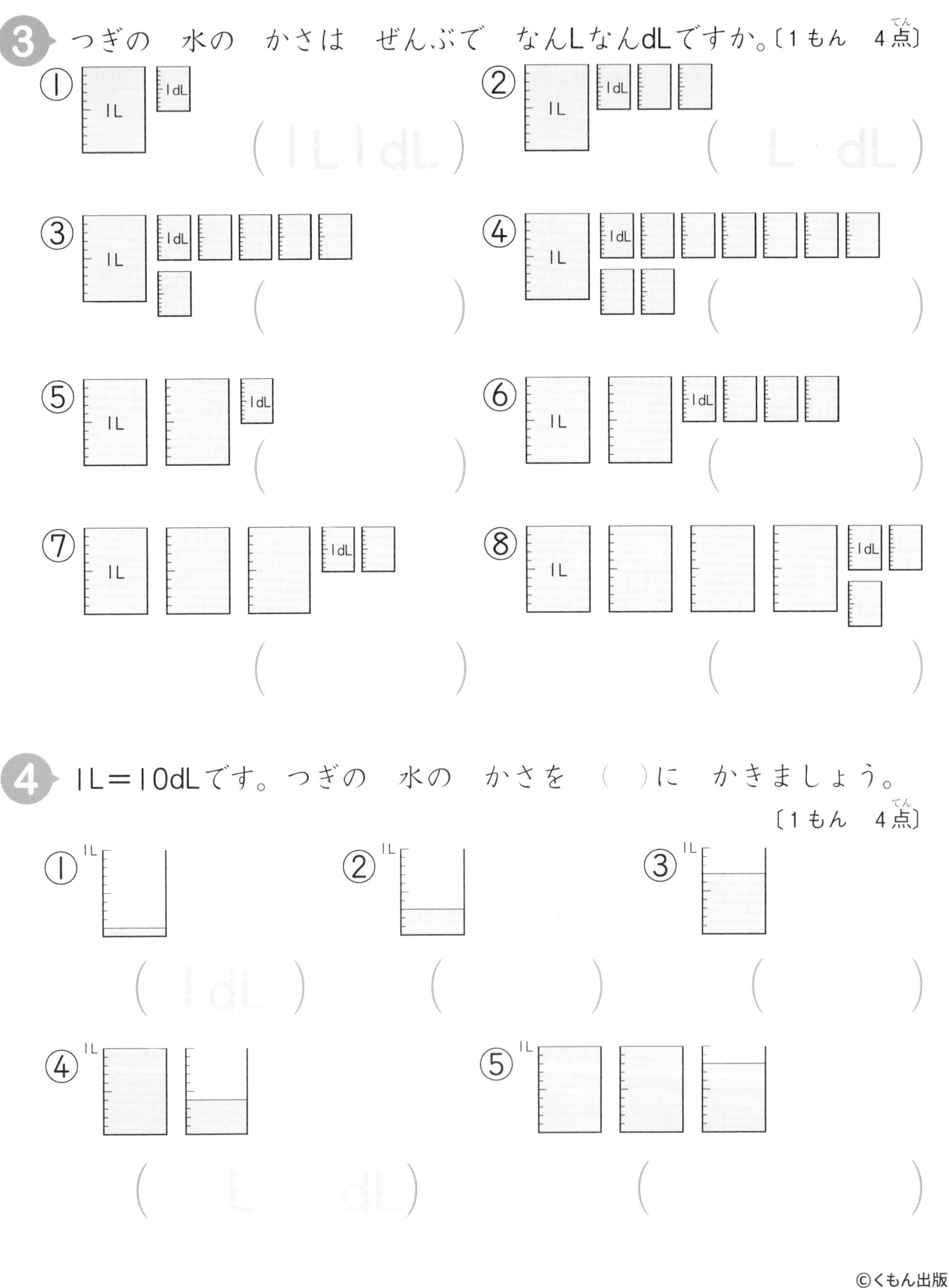




目もりと　ずを　よく　見て　こたえよう。

とくてん　　てん

# 26 かさ（たいせき）②

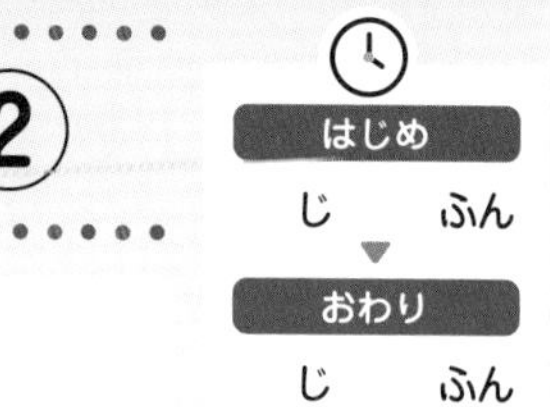

月　　日　名まえ

**1** 右と　左で　おなじ　かさの　ものを　線で　つなぎましょう。

〔1本　4点〕

ⓐ
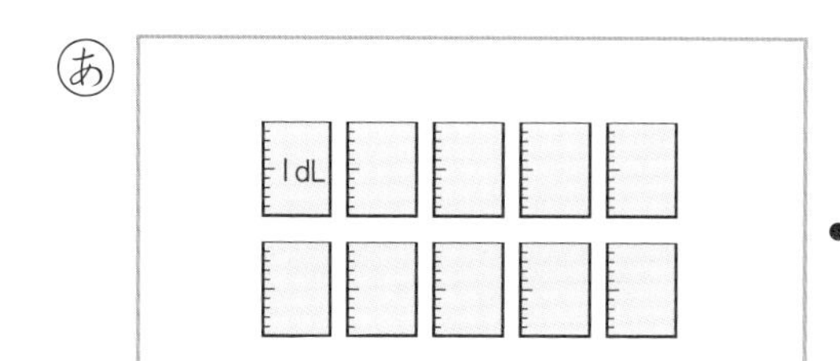


ⓚ
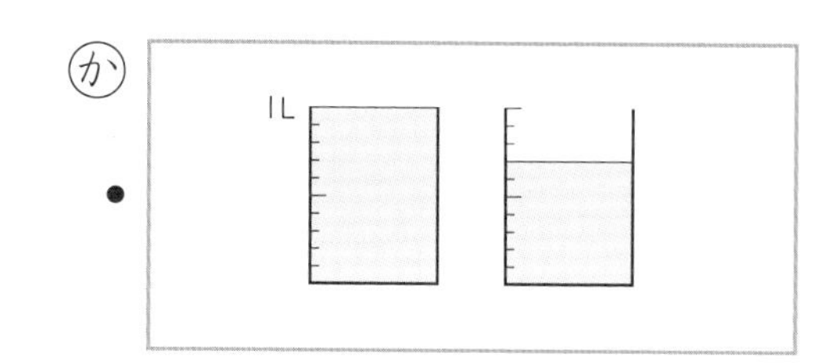


ⓘ
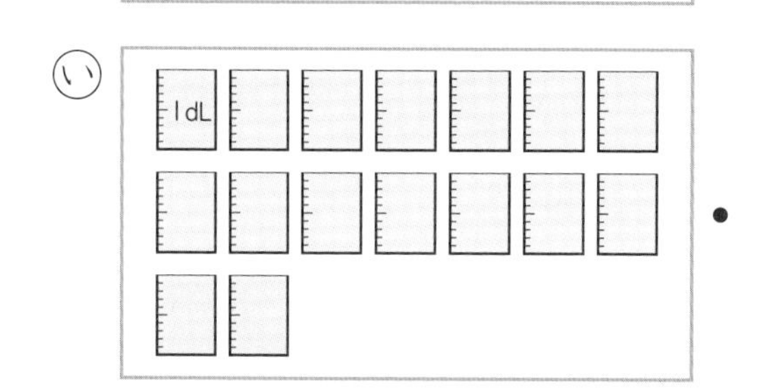


ⓚ
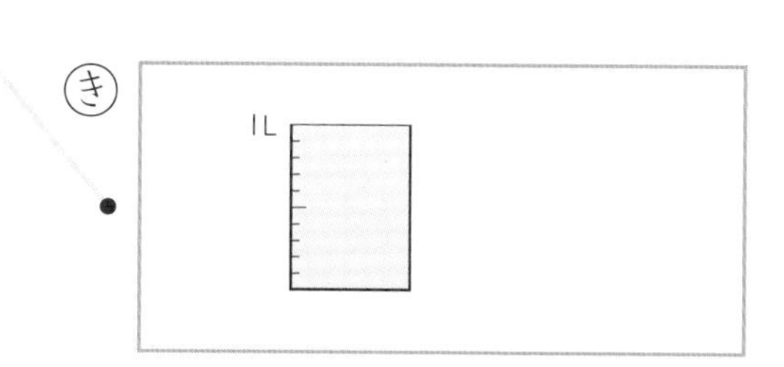


ⓤ
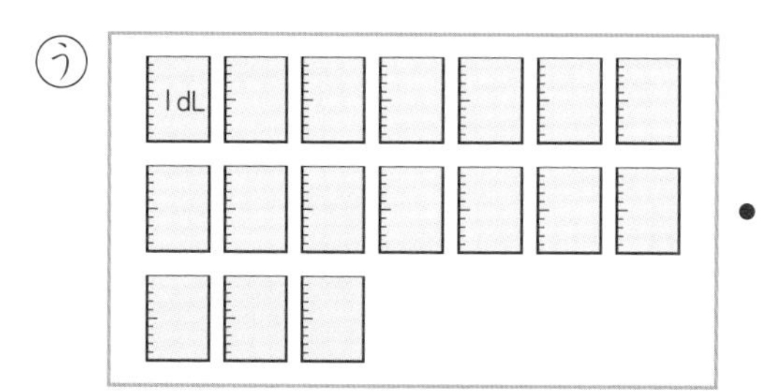


ⓚ
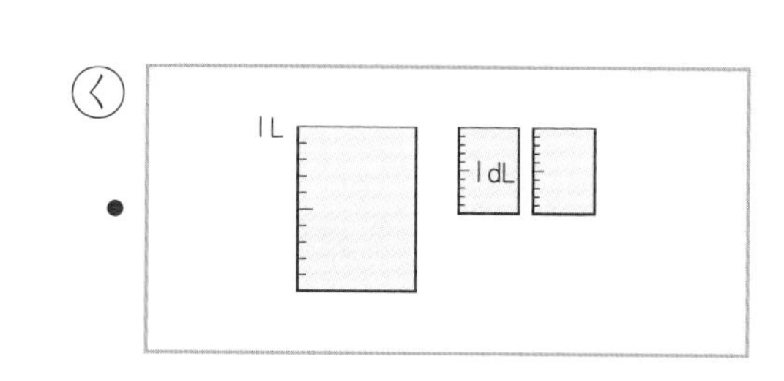


ⓔ
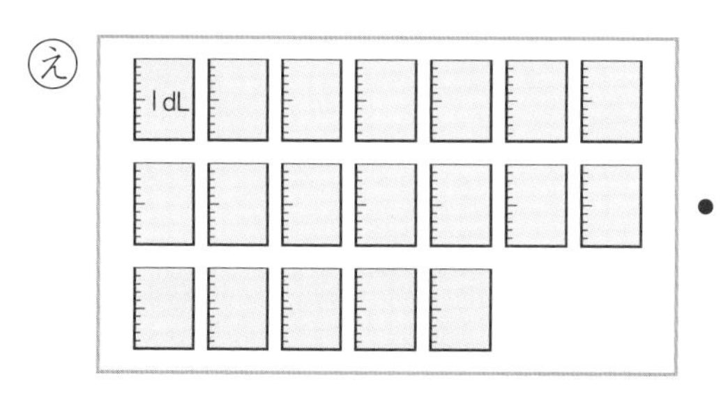


ⓚ
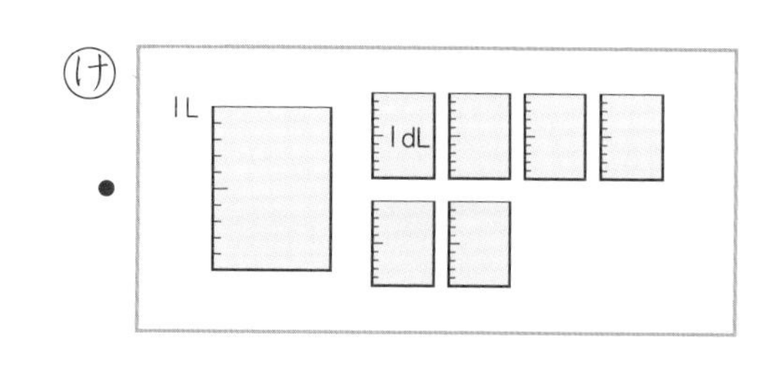


ⓞ
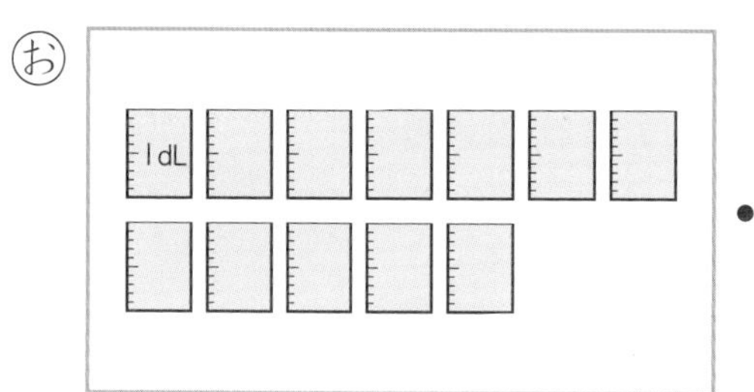


ⓚ
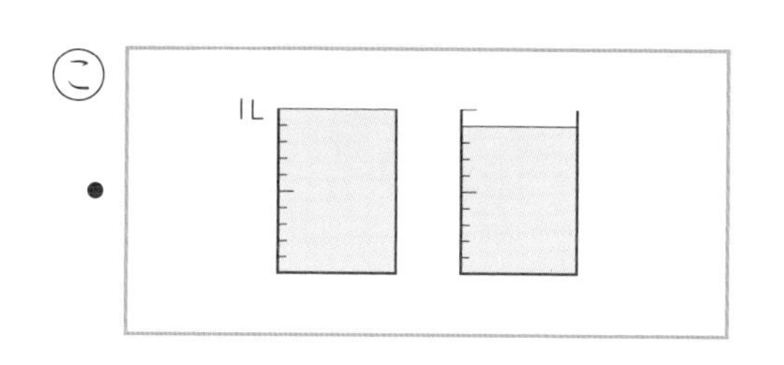

## 2 □に　あてはまる　数(かず)を　かきましょう。　〔1もん　4点(てん)〕

① 1L＝[10]dL　② 3L＝□dL

③ 7L＝□dL　④ 9L＝□dL

⑤ 20dL＝[2]L　⑥ 50dL＝□L

⑦ 60dL＝□L　⑧ 80dL＝□L

⑨ 17dL＝[1]L[7]dL　⑩ 29dL＝□L□dL

⑪ 46dL＝□L□dL　⑫ 38dL＝□L□dL

⑬ 53dL＝□L□dL　⑭ 65dL＝□L□dL

⑮ 1L3dL＝[13]dL　⑯ 1L9dL＝□dL

⑰ 2L4dL＝□dL　⑱ 4L1dL＝□dL

⑲ 7L6dL＝□dL　⑳ 9L8dL＝□dL



リットルと　デシリットルの　かんけいが
わかったかな？

とくてん　　てん

# かさ(たいせき) ③

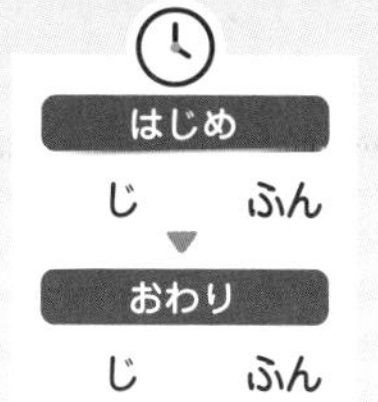

月 日 名まえ

**1** 1dLより 少(すく)ない かさは，mL(**ミリリットル**)の たんいを つかいます。1dL＝100mLです。つぎの 水の かさは なんmLですか。

〔1もん 3点(てん)〕

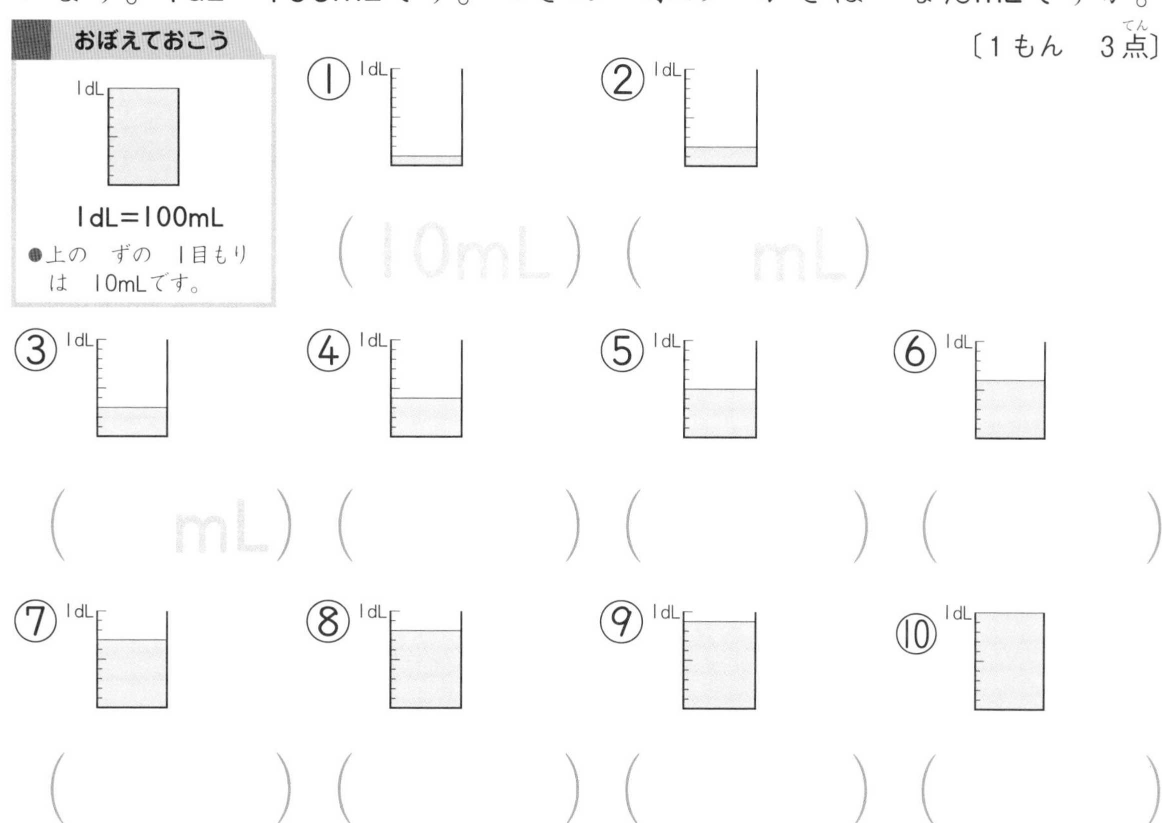


**2** つぎの 入れものに 入って いた 水の かさは なんmLですか。

〔1もん 5点(てん)〕

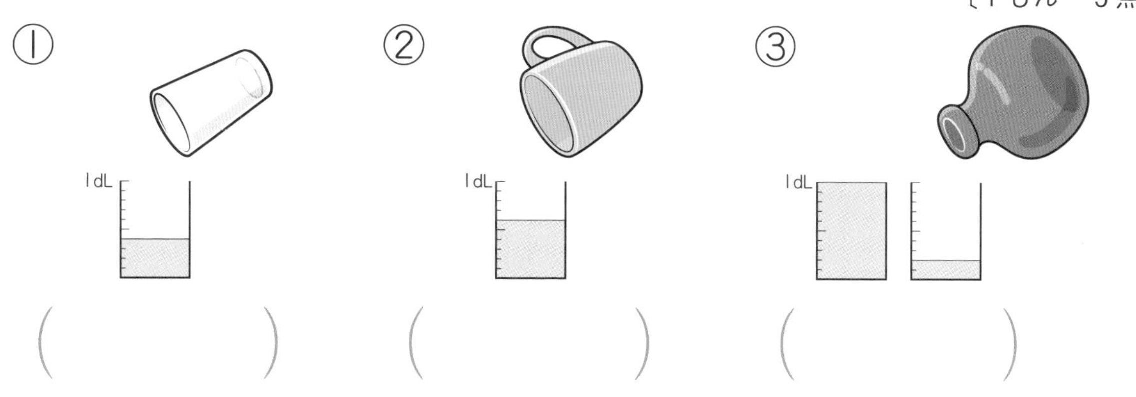

## 3 1L＝1000mLです。つぎの　水の　かさは　なんmLですか。

〔1もん　5点〕

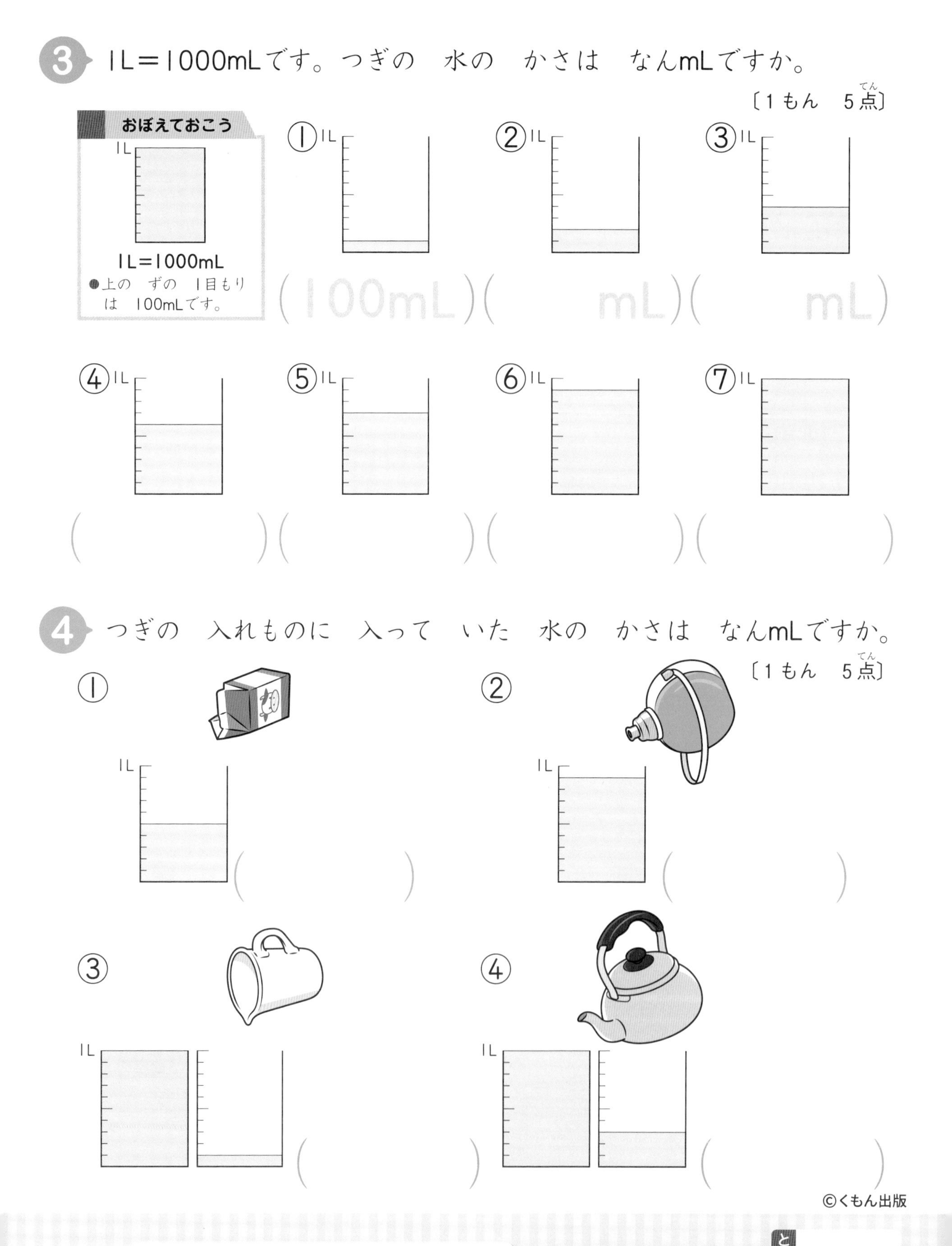


## 4 つぎの　入れものに　入って　いた　水の　かさは　なんmLですか。

〔1もん　5点〕

①

②

③

④

©くもん出版

目もりを　よく　見て　こたえよう。

とくてん　　てん

# かさ（たいせき） ④

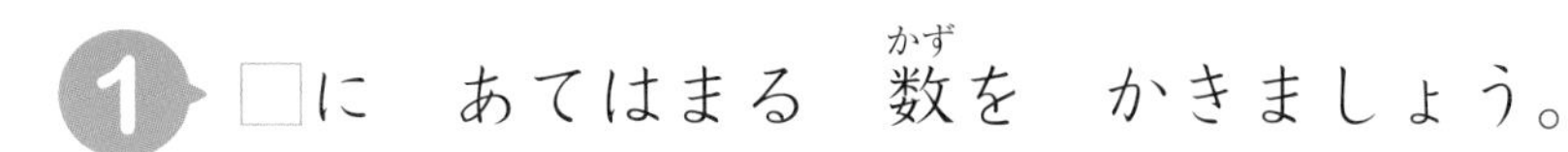

月　日　名まえ

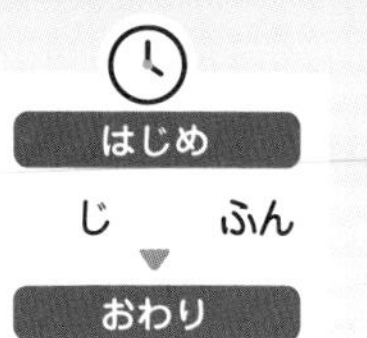

**1** □に　あてはまる　数（かず）を　かきましょう。　〔1もん　2点（てん）〕

① 1 dL＝ [100] mL　　② 3 dL＝ [　　] mL

③ 200mL＝ [2] dL　　④ 500mL＝ [　　] dL

⑤ 400mL＝ [　　] dL　　⑥ 700mL＝ [　　] dL

⑦ 1 L＝ [1000] mL　　⑧ 2 L＝ [　　] mL

⑨ 3000mL＝ [3] L　　⑩ 5000mL＝ [　　] L

**2** □に　あてはまる　数（かず）を　かきましょう。

①
11dL＝ [1] L [1] dL
11dL＝ [1100] mL

②
12dL＝ [　　] L [　　] dL
12dL＝ [　　] mL

③
1300mL＝ [13] dL
1300mL＝ [1] L [3] dL

④
2300mL＝ [　　] dL
2300mL＝ [　　] L [　　] dL

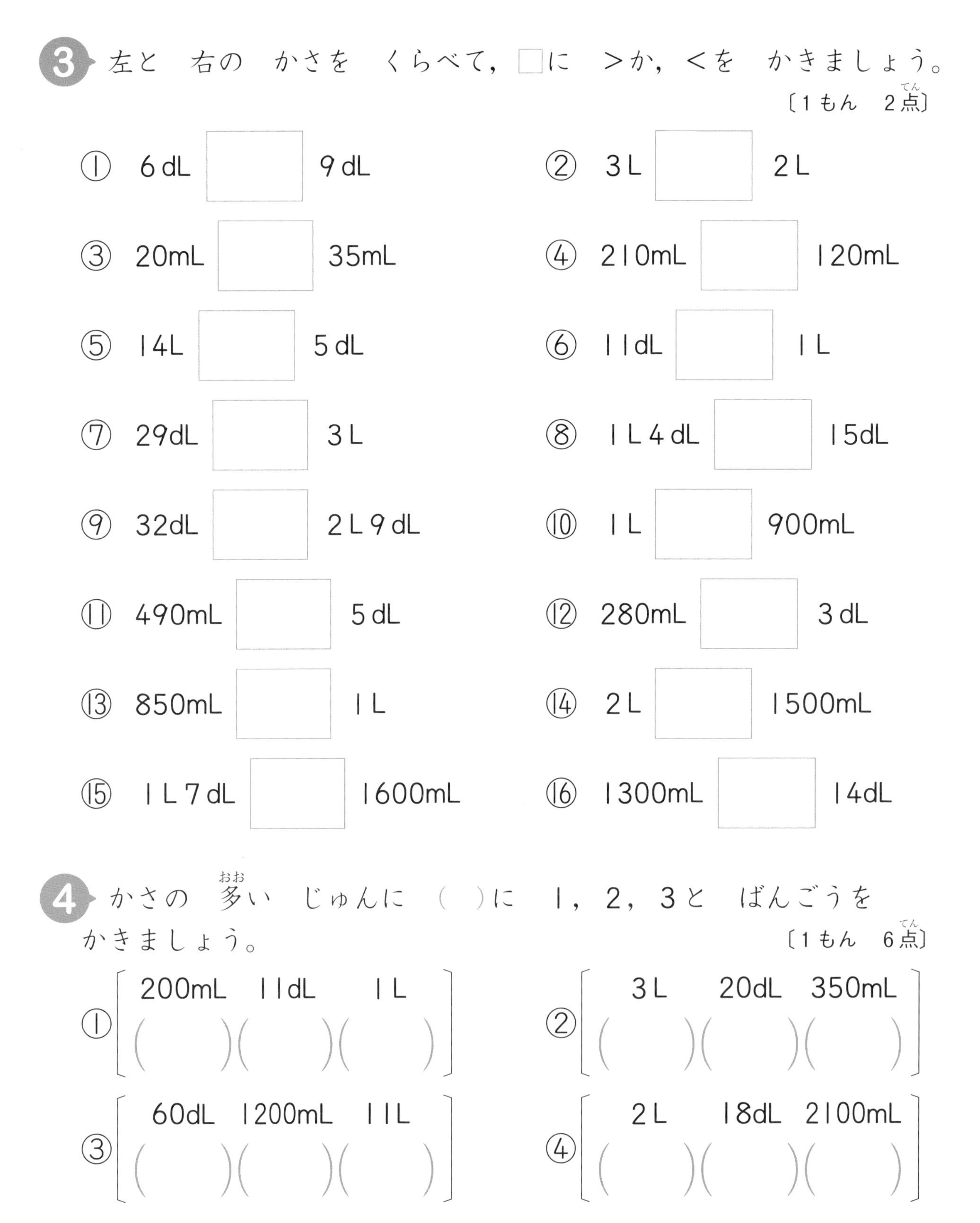

**3** 左と　右の　かさを　くらべて，□に　＞か，＜を　かきましょう。

〔1もん　2点〕

| | | | | | | | |
|---|---|---|---|---|---|---|---|
| ① | 6dL | □ | 9dL | ② | 3L | □ | 2L |
| ③ | 20mL | □ | 35mL | ④ | 210mL | □ | 120mL |
| ⑤ | 14L | □ | 5dL | ⑥ | 11dL | □ | 1L |
| ⑦ | 29dL | □ | 3L | ⑧ | 1L4dL | □ | 15dL |
| ⑨ | 32dL | □ | 2L9dL | ⑩ | 1L | □ | 900mL |
| ⑪ | 490mL | □ | 5dL | ⑫ | 280mL | □ | 3dL |
| ⑬ | 850mL | □ | 1L | ⑭ | 2L | □ | 1500mL |
| ⑮ | 1L7dL | □ | 1600mL | ⑯ | 1300mL | □ | 14dL |

**4** かさの　多い　じゅんに（　）に　1，2，3と　ばんごうを　かきましょう。

〔1もん　6点〕

① 200mL　11dL　1L
（　）（　）（　）

② 3L　20dL　350mL
（　）（　）（　）

③ 60dL　1200mL　11L
（　）（　）（　）

④ 2L　18dL　2100mL
（　）（　）（　）



かさの　たんいの　かんけいを　しっかり　かくにんして　おこう。

とくてん　　てん

# 分数（ぶんすう）

月　日　名まえ

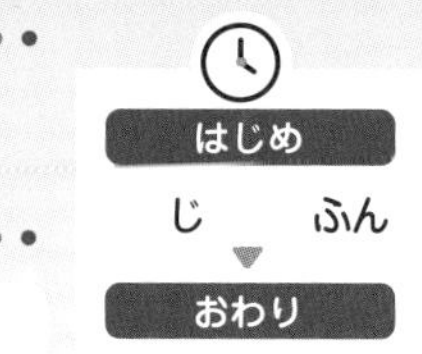

**1** 同じ　大きさに　2つに　わけた　1つぶんを，**二分の一**と　いい，$\frac{1}{2}$と　かきます。**〈れい〉**のように　して，つぎの　ずの　$\frac{1}{2}$に　いろを　ぬりましょう。〔1もん　5点〕

〈れい〉

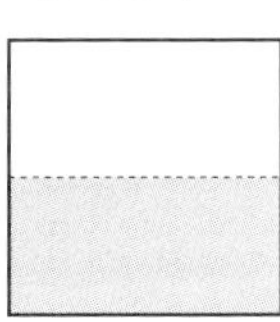

①

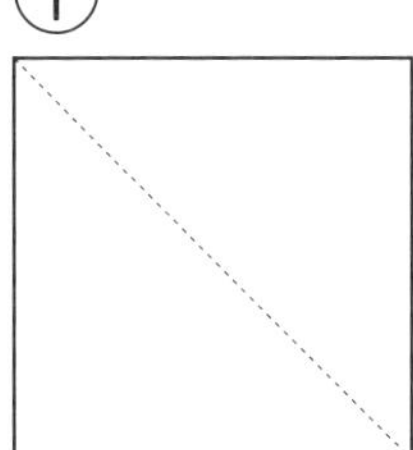

②

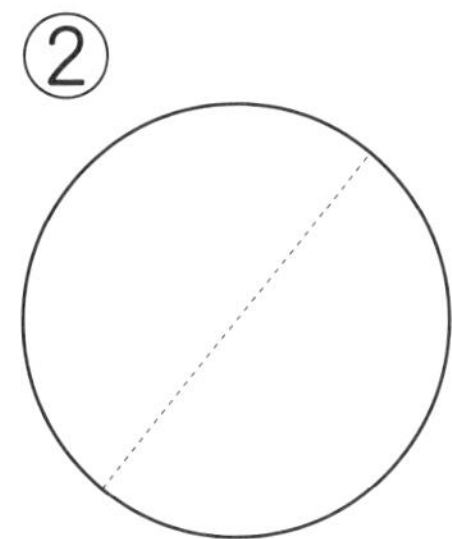

③

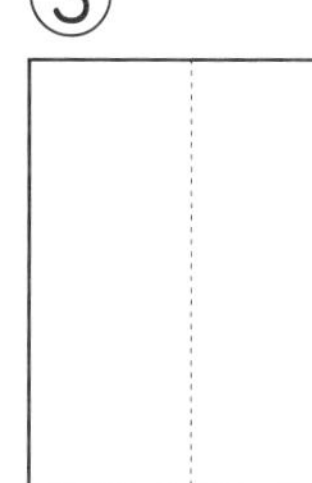

④

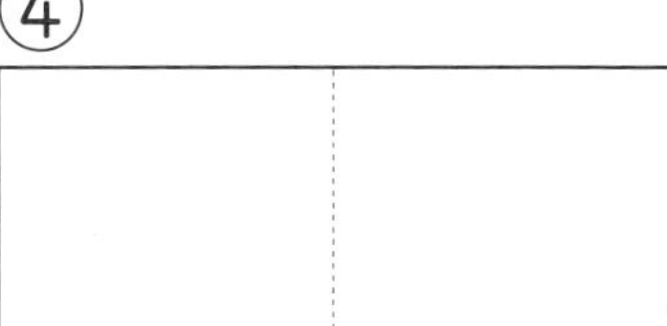

⑤

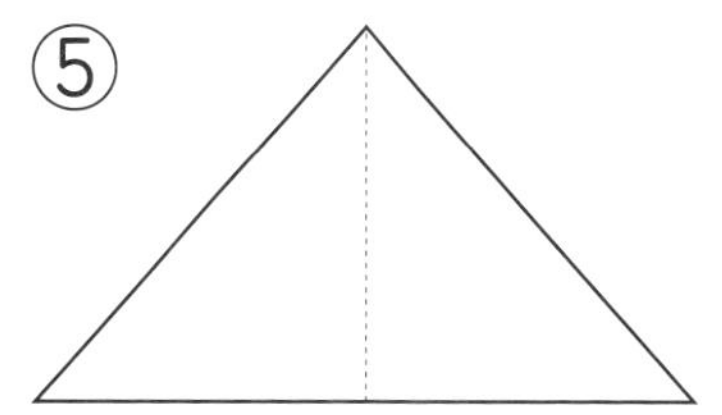

**2** 同じ　大きさに　4つに　わけた　1つぶんを，**四分の一**と　いい，$\frac{1}{4}$と　かきます。つぎの　ずの　$\frac{1}{4}$に　いろを　ぬりましょう。〔1もん　5点〕

①

②

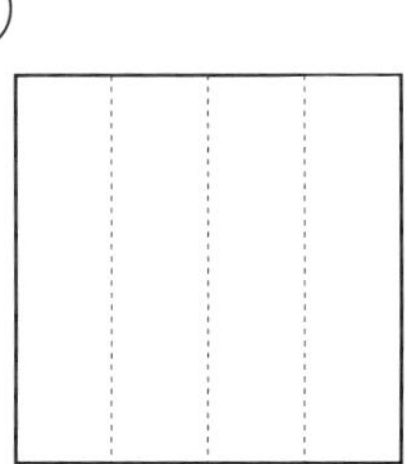

③

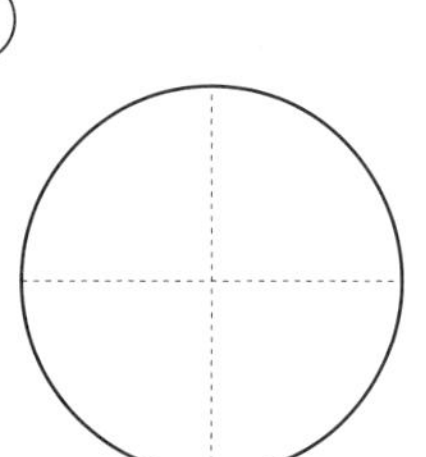

④

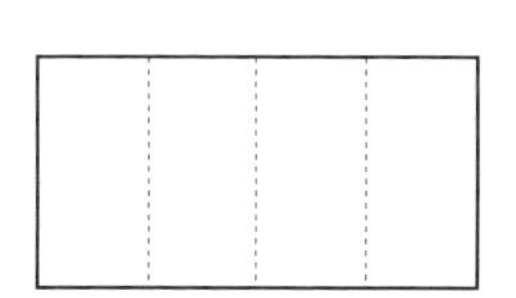

**おぼえておこう**

● $\frac{1}{2}$，$\frac{1}{4}$のような　数を　**分数**と　いいます。

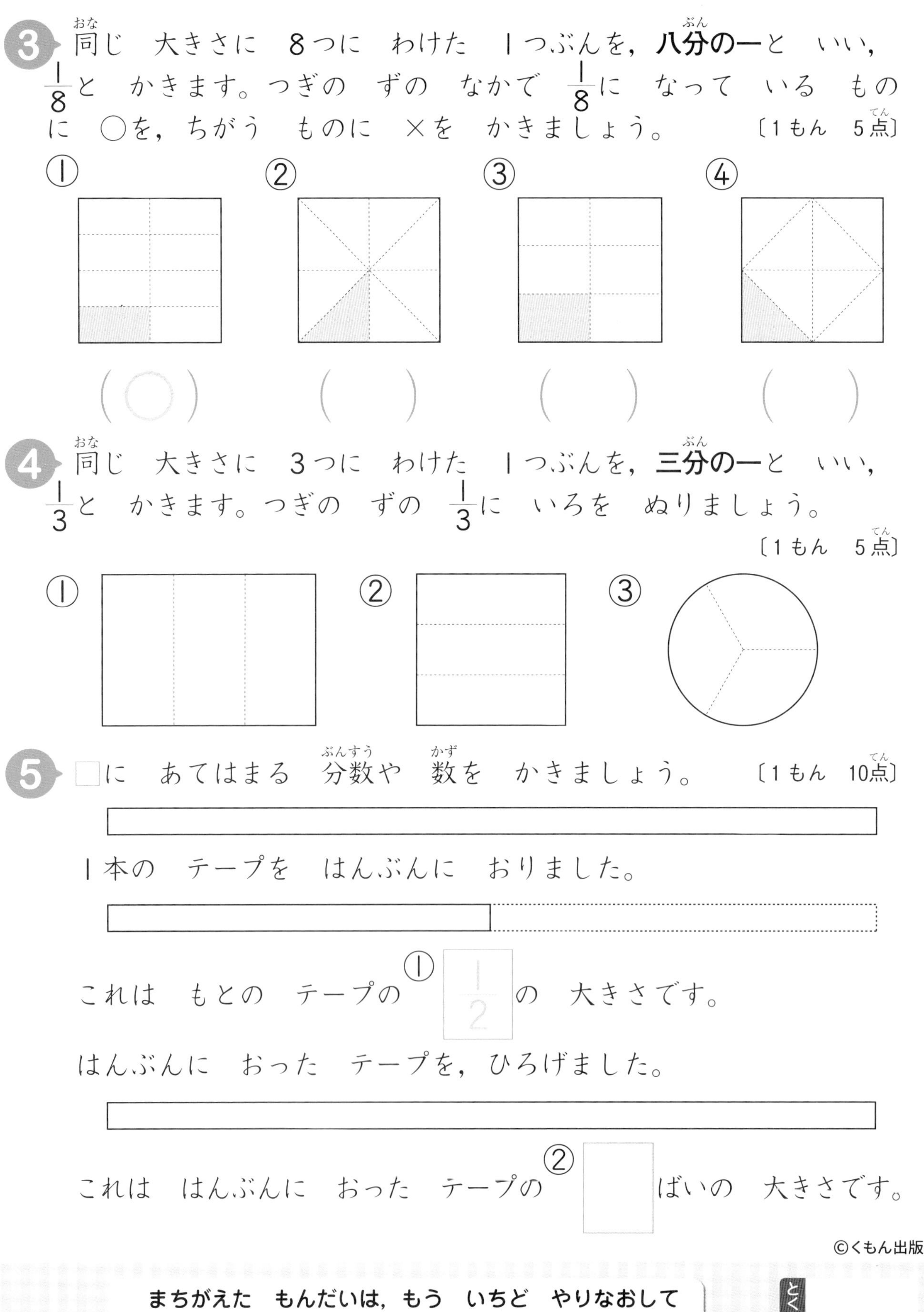

**3** 同じ　大きさに　8つに　わけた　1つぶんを，**八分の一**と　いい，$\frac{1}{8}$と　かきます。つぎの　ずの　なかで　$\frac{1}{8}$に　なって　いる　もの　に　○を，ちがう　ものに　×を　かきましょう。〔1もん　5点〕

①（○）　②（　）　③（　）　④（　）

**4** 同じ　大きさに　3つに　わけた　1つぶんを，**三分の一**と　いい，$\frac{1}{3}$と　かきます。つぎの　ずの　$\frac{1}{3}$に　いろを　ぬりましょう。

〔1もん　5点〕

①　②　③

**5** □に　あてはまる　分数や　数を　かきましょう。〔1もん　10点〕

1本の　テープを　はんぶんに　おりました。

これは　もとの　テープの ① $\frac{1}{2}$ の　大きさです。

はんぶんに　おった　テープを，ひろげました。

これは　はんぶんに　おった　テープの ② □ ばいの　大きさです。



まちがえた　もんだいは，もう　いちど　やりなおして　みよう。

とくてん　　てん

# 三角形と　四角形　①

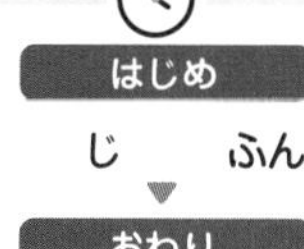

はじめ　じ　ふん

おわり　じ　ふん

月　日　名まえ

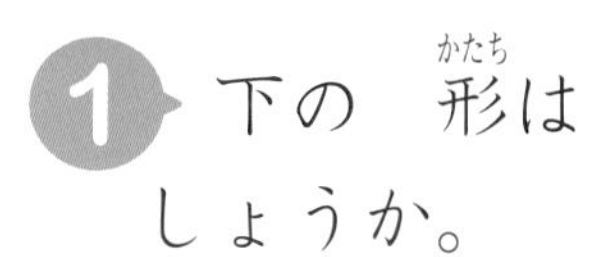

**1** 下の　形は 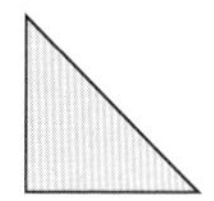 の　いろいたを　なんまい　つかって　いるでしょうか。〔1もん　5点〕

①
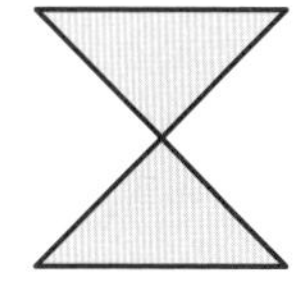

②
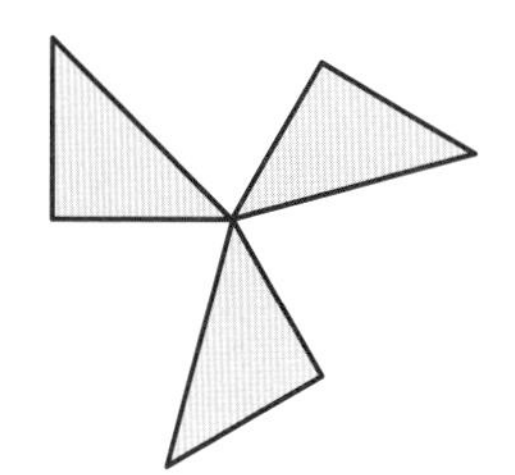

③

**2** の　いろいたを　ならべて　形を　つくって　います。〔1もん　5点〕

● 3まい　ならべました。つないだ　ところに　線を　かきましょう。

①
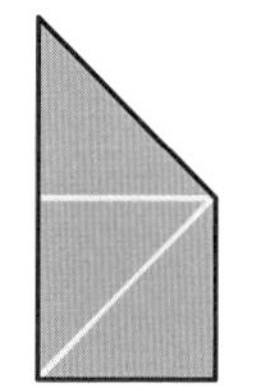

②
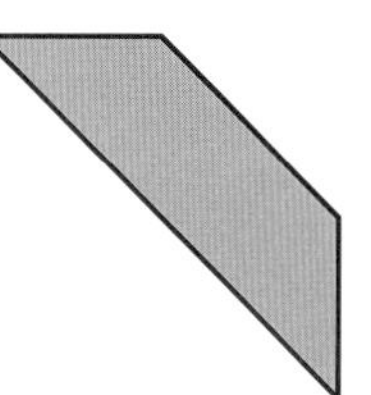

③
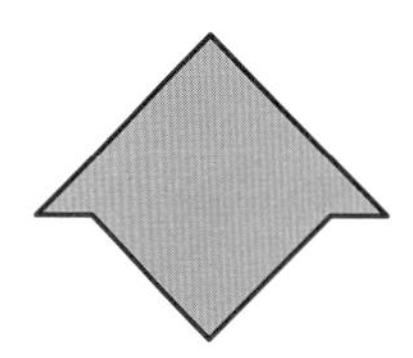

● 4まい　ならべました。つないだ　ところに　線を　かきましょう。

④
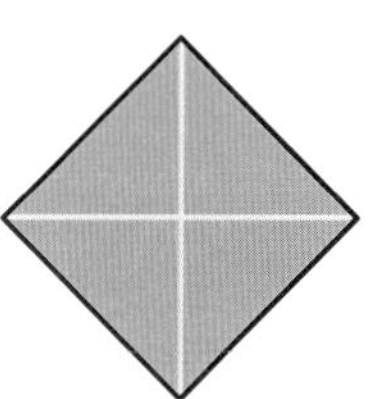

⑤
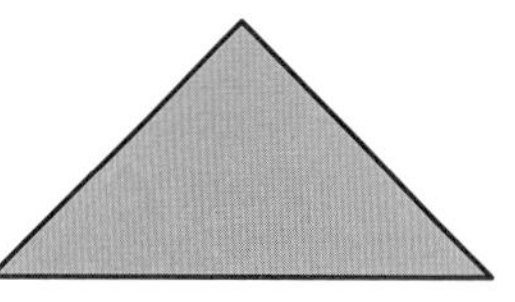

⑥
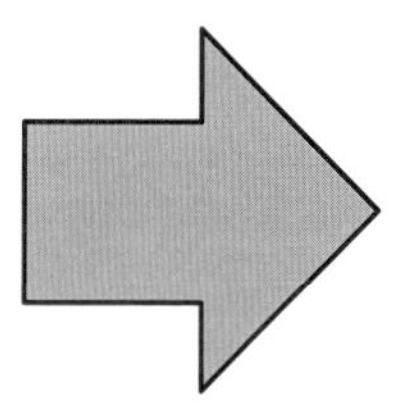

⑦
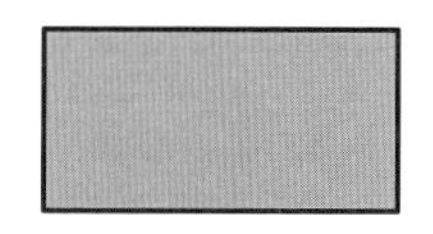

3 下の 形(かたち)は の いろいたを なんまい つかって いるでしょうか。 〔1もん 10点(てん)〕

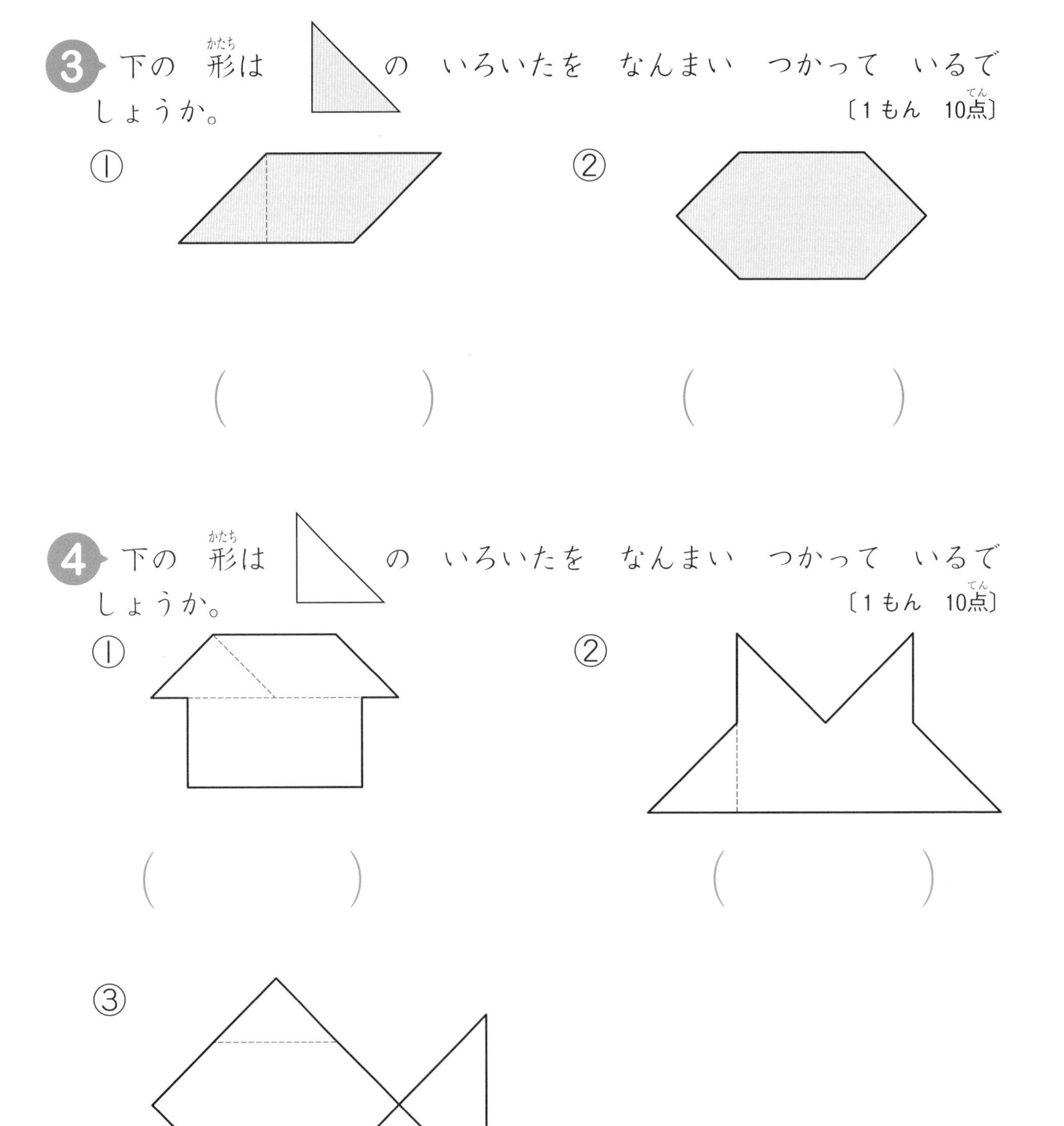

① （　　　　）

② （　　　　）

4 下の 形(かたち)は の いろいたを なんまい つかって いるでしょうか。 〔1もん 10点(てん)〕

① （　　　　）

② （　　　　）

③ （　　　　）



まちがえた もんだいは，もう いちど やりなおして みよう。

とくてん　　　てん

# 31 三角形と　四角形 ②

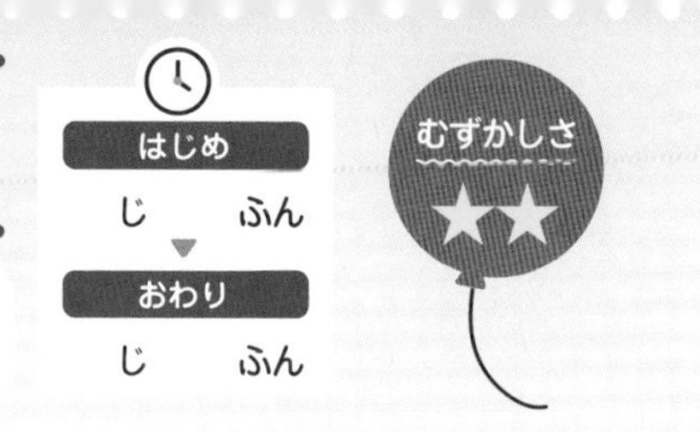


月　日　名まえ

**1** 下の　形は　ぼう(━)を　なん本　つかった　形ですか。

〔1もん　5点〕

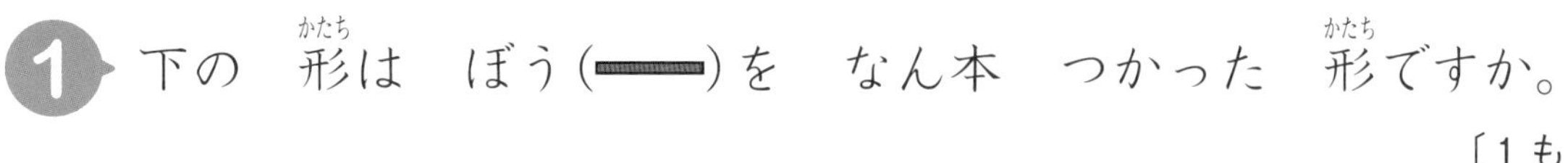

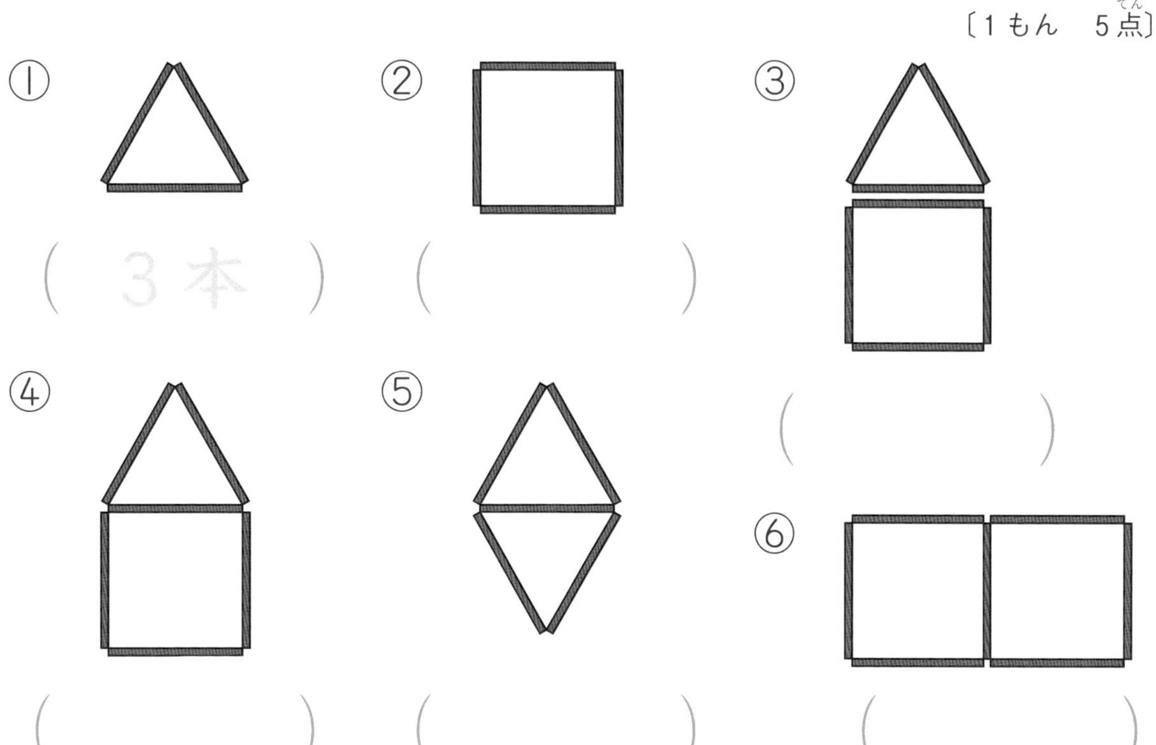


**2** ぼうを　なん本　つかって　いるでしょうか。　〔1もん　10点〕

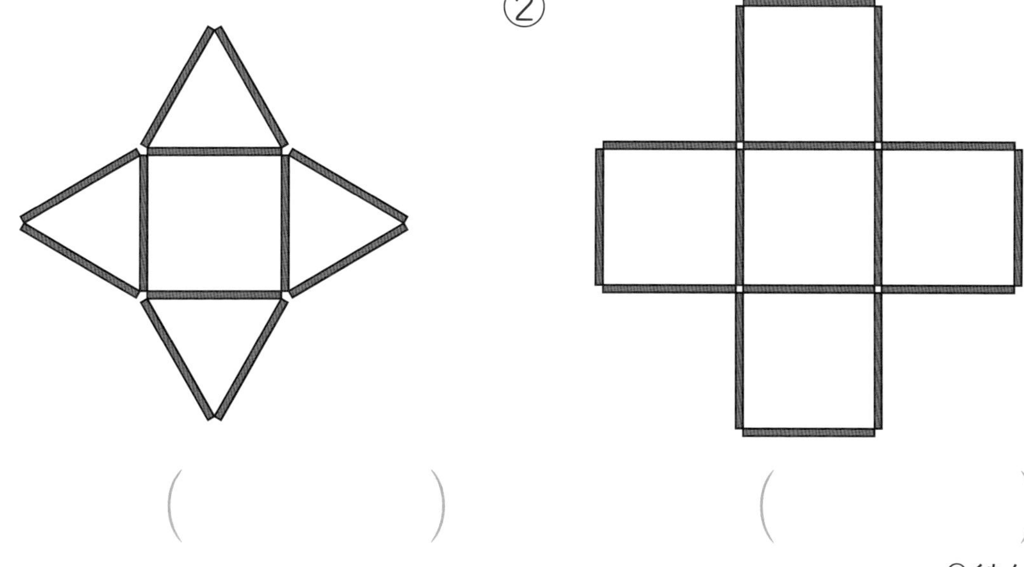

**3** •と　•を　**直線**（まっすぐな　線）で　つないで，いろいろな形を　つくりました。２つの　なかまに　わけましょう（きごうでこたえましょう）。　〔１もん　10点〕

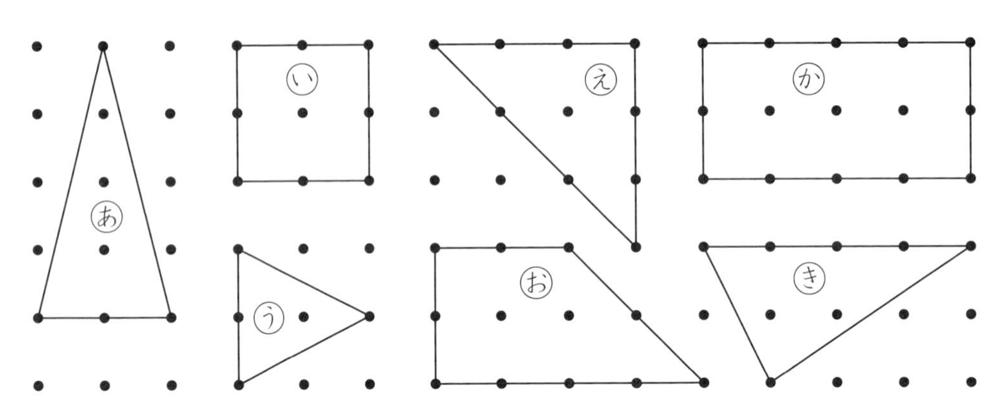


① 三角形（３本の　直線で　かこまれた　形）

（　　　　　）

② 四角形（４本の　直線で　かこまれた　形）

（　　　　　）

**4** ずの　あ～この　中から，三角形と　四角形を　それぞれ　ぜんぶ見つけて，きごうで　こたえましょう。　〔１もん　15点〕

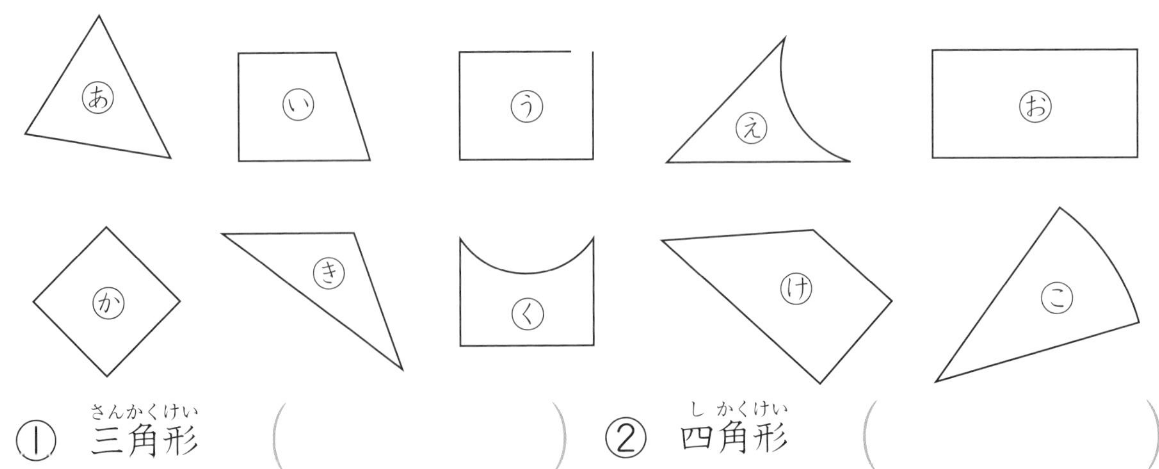


① 三角形（　　　　　）　② 四角形（　　　　　）



三角形と　四角形の　形を　正しく　おぼえよう。

とくてん　　てん

# 三角形と　四角形 ③

月　　日　名まえ

じ　　ふん

じ　　ふん

**1** ・と　・を　直線で　つないで，いろいろな　三角形を　かこうと　して　います。つづけて　かきましょう。〔1もん　8点〕

〈れい〉

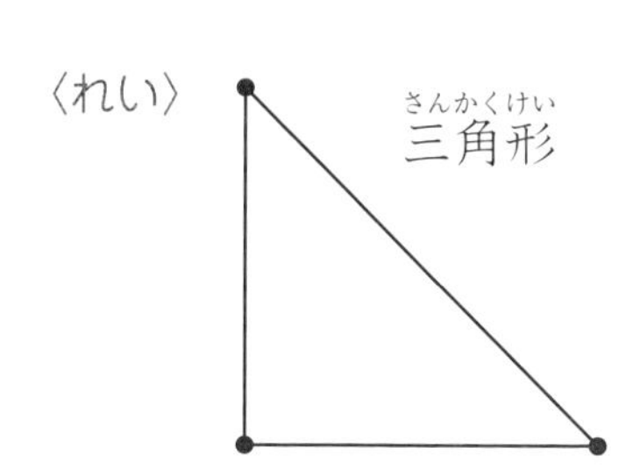


①

②

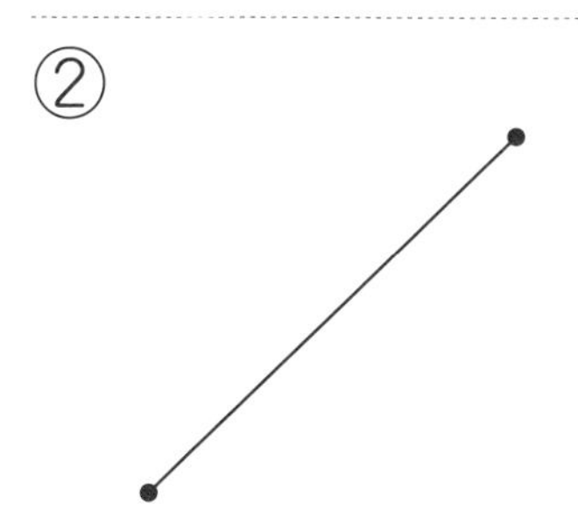

③

**2** ・と　・を　直線で　つないで，いろいろな　四角形を　かこうと　して　います。つづけて　かきましょう。〔1もん　8点〕

〈れい〉

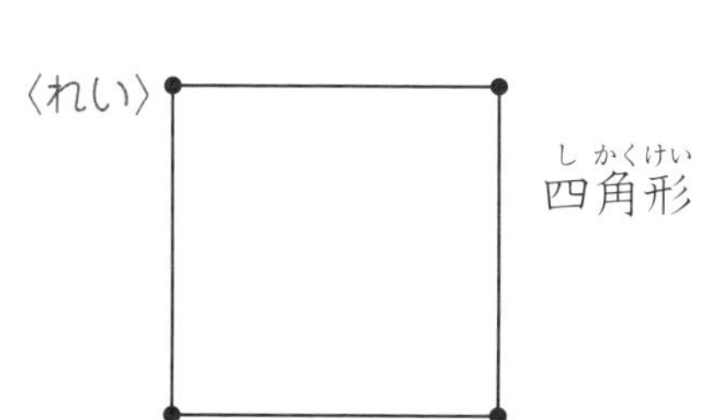

四角形

①

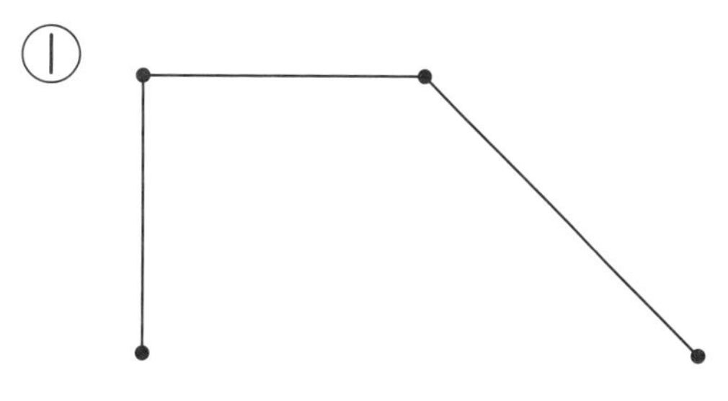

②

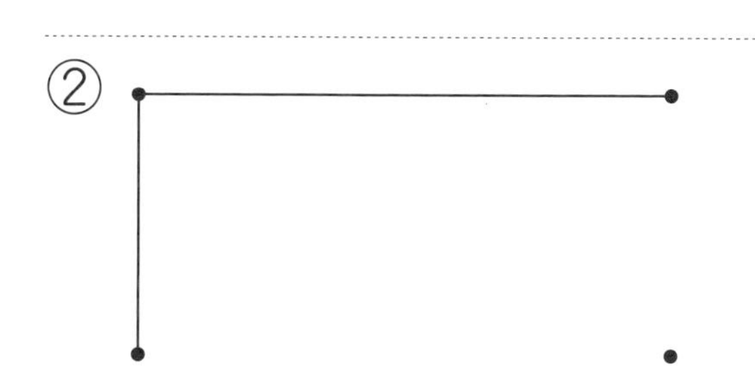

③

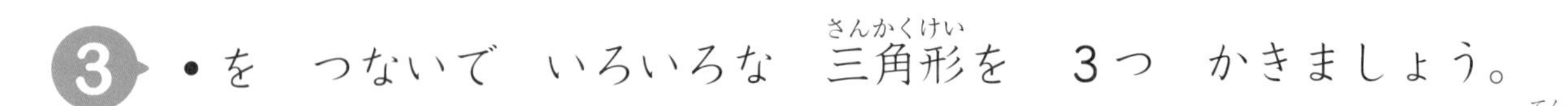

3 •を　つないで　いろいろな　三角形を　3つ　かきましょう。

〔1つ　6点〕

4 •を　つないで　いろいろな　四角形を　3つ　かきましょう。

〔1つ　6点〕

〈れい〉

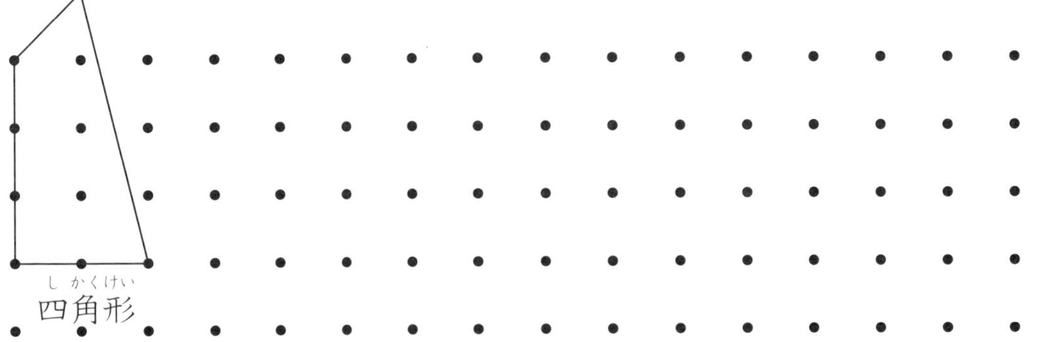


5 下の　ほうがんしに　三角形と　四角形を　1つずつ　かきましょう。

〔1つ　8点〕

〈れい〉 三角形　　〈れい〉 四角形



いろいろな　形の　三角形や　四角形を　かいて　みよう。

てん

# 33 三角形と　四角形 ④

月　日　名まえ

**1** 右の　ずのように，三角形を　かどを　とおるように　して，点線の　ところで　2つに　きりました。どんな　形が　2つ　できますか。〔5点〕

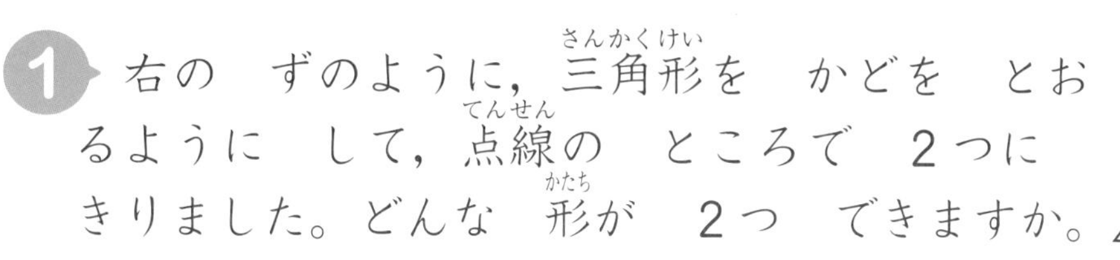

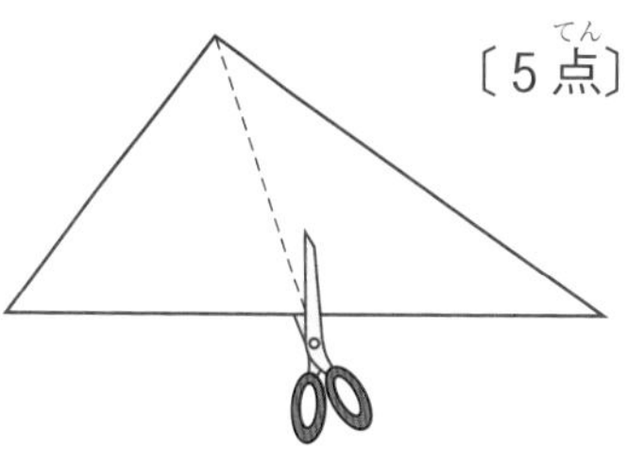

（三角形）

**2** 三角形を　かどを　とおらないように　して，点線の　ところで　2つに　きりました。どんな　形と　どんな　形が　できますか。〔2つ　できて　5点〕

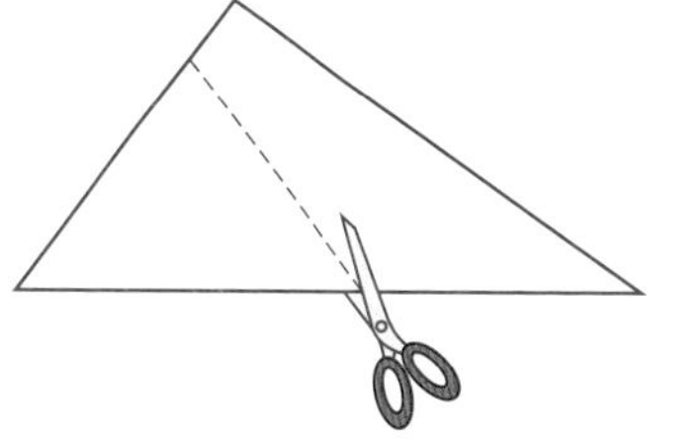

（　　　　）と（　　　　）

**3** 下の　ずのように，三角形を　点線の　ところで　2つに　きりました。つぎの　もんだいに　㋐～㋕の　きごうで　こたえましょう。

〔1もん　ぜんぶ　できて　15点〕

㋐ 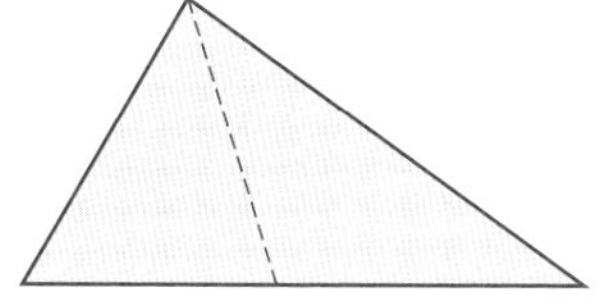

㋑ 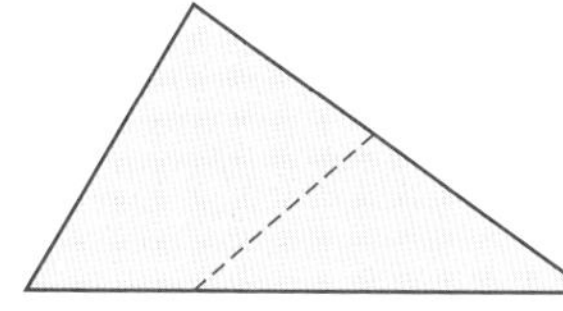

㋒ 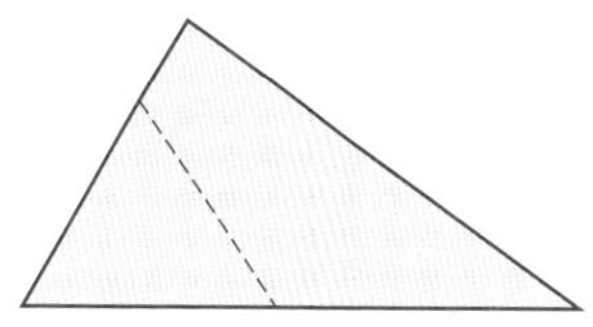

㋓ 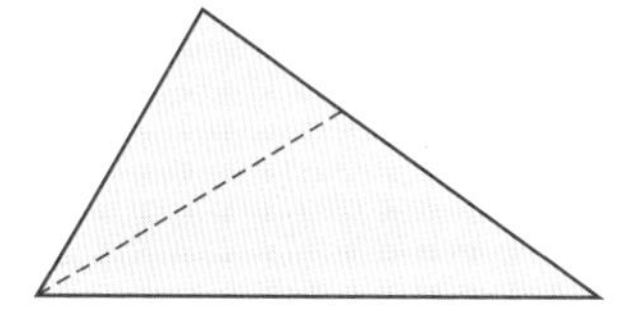

㋔ 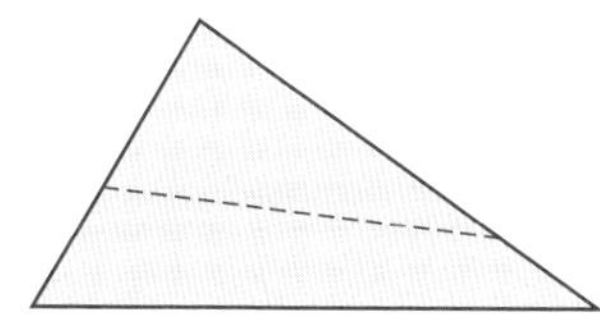

㋕ 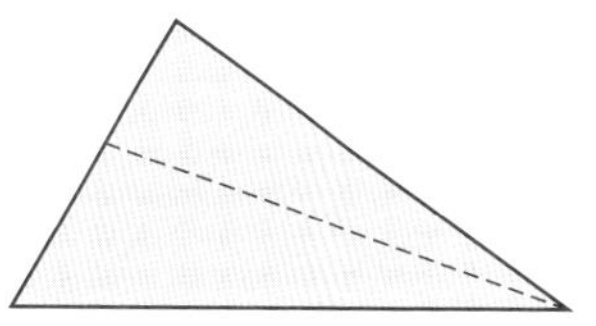

① 三角形が　2つ　できる　きりかたは　どれですか。ぜんぶ　かきましょう。（　　　　）

② 三角形と　四角形が　できる　きりかたは　どれですか。ぜんぶ　かきましょう。（　　　　）

**4** 下の　ずのように，四角形を　点線で　2つに　きりました。どんな　形が　できますか。

〔1もん　5点〕

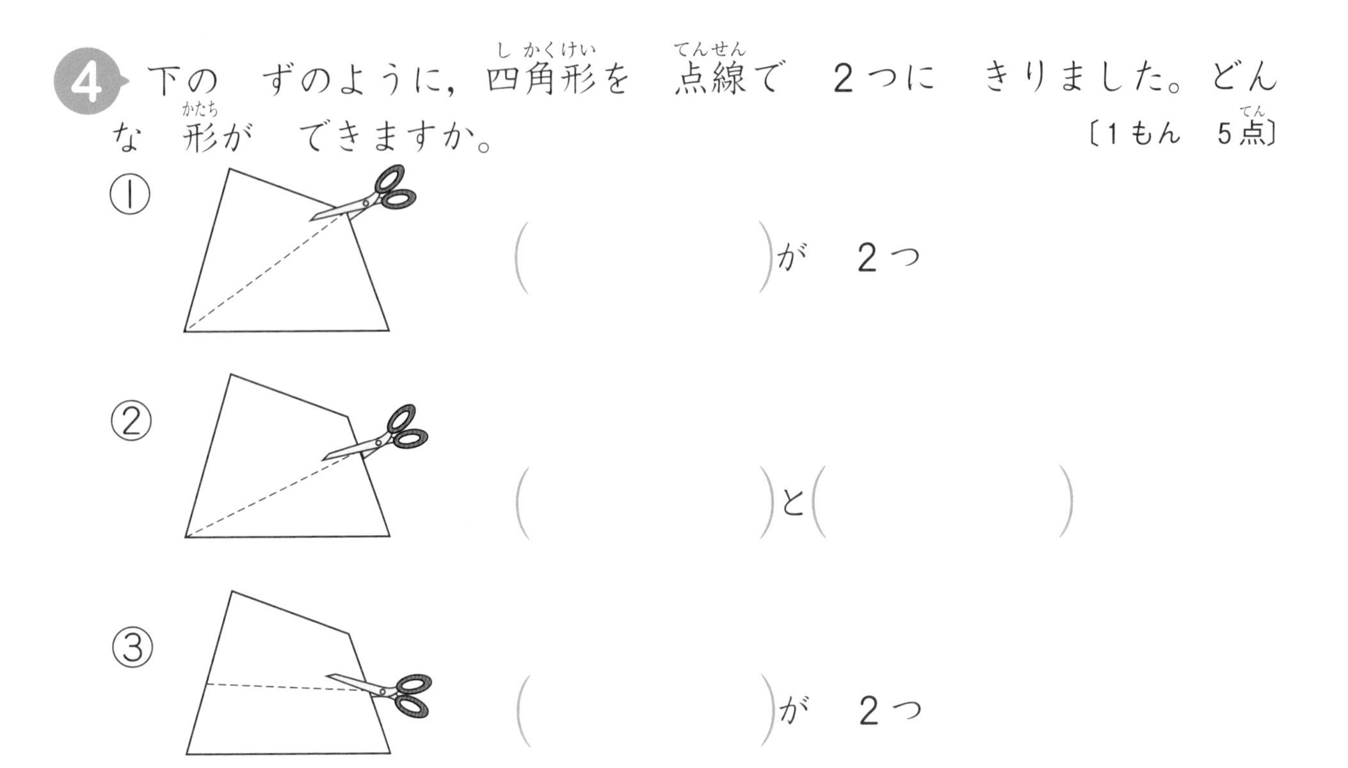

① (　　　　)が　2つ

② (　　　　)と(　　　　)

③ (　　　　)が　2つ

**5** 下の　ずのように，四角形を　点線の　ところで　2つに　きりました。つぎの　もんだいに　㋐～㋗の　きごうで　こたえましょう。

〔1もん　ぜんぶ　できて　15点〕

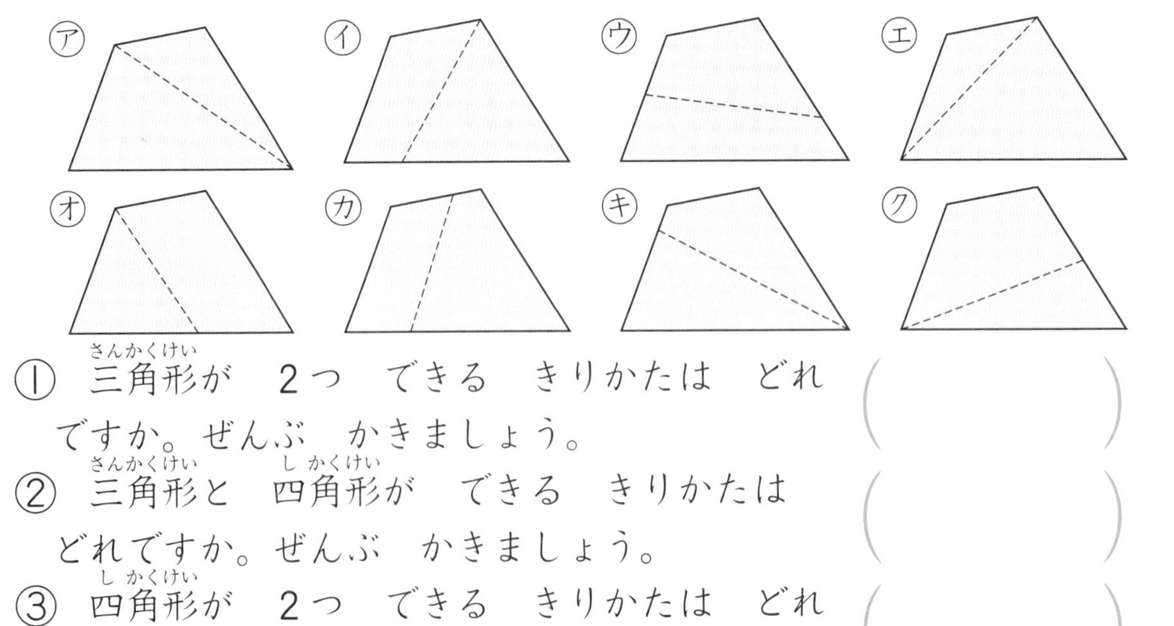


① 三角形が　2つ　できる　きりかたは　どれですか。ぜんぶ　かきましょう。 (　　　　)

② 三角形と　四角形が　できる　きりかたは　どれですか。ぜんぶ　かきましょう。 (　　　　)

③ 四角形が　2つ　できる　きりかたは　どれですか。ぜんぶ　かきましょう。 (　　　　)



いろいろな　三角形や　四角形の　かみを　きって　たしかめて　みよう。

てん

# 三角形と　四角形 ⑤

じ　ふん

じ　ふん

月　日　名まえ

## おぼえておこう

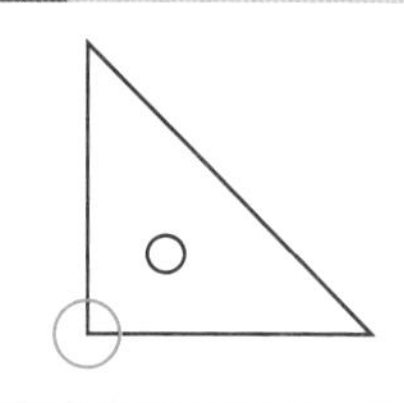
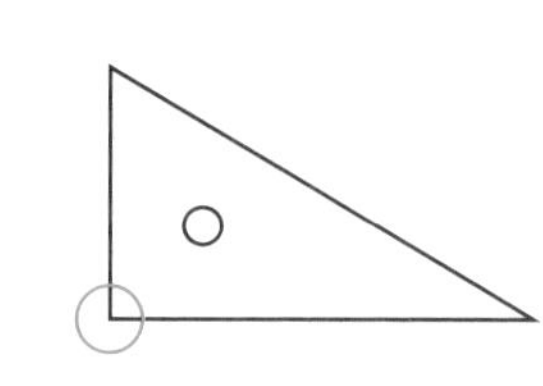

● 三角じょうぎの　○の　かどの　形を　**直角**と　いいます。

**1** 下の　ずは　三角じょうぎの　ずです。直角に　なって　いる　かどに，ぜんぶ　○を　つけましょう。〔1つ　5点〕

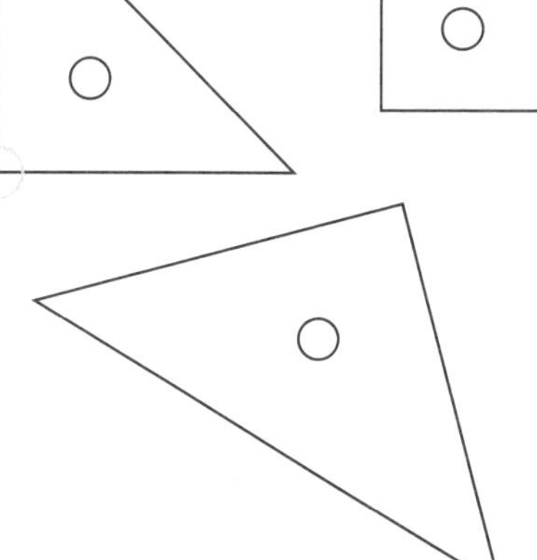
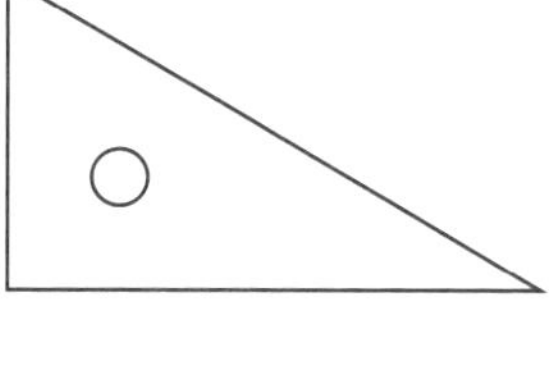
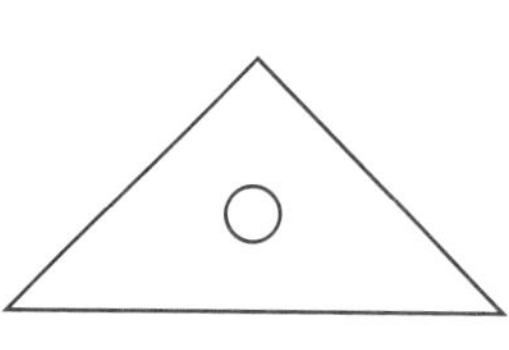
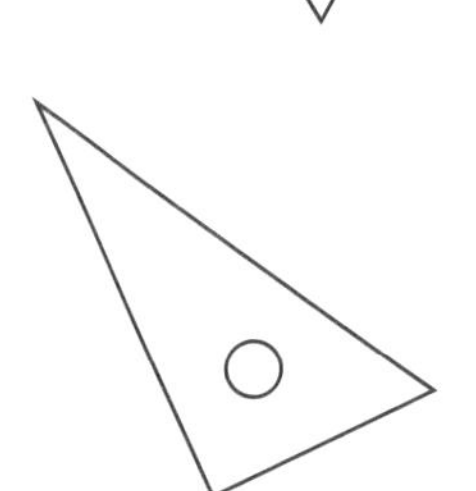

**2** 下の　ずの　かどに　三角じょうぎを　あてて，直角に　なって　いる　かどには　○，直角では　ない　かどには　×を　（　）に　かきましょう。〔1もん　5点〕

①（　　）

②（　　）

③（　　）

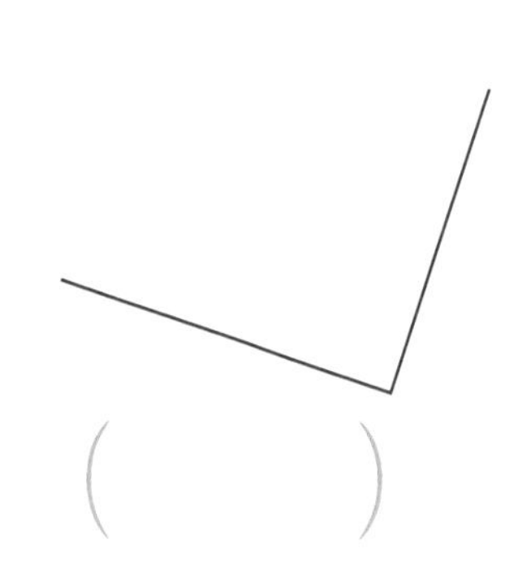

## おぼえておこう

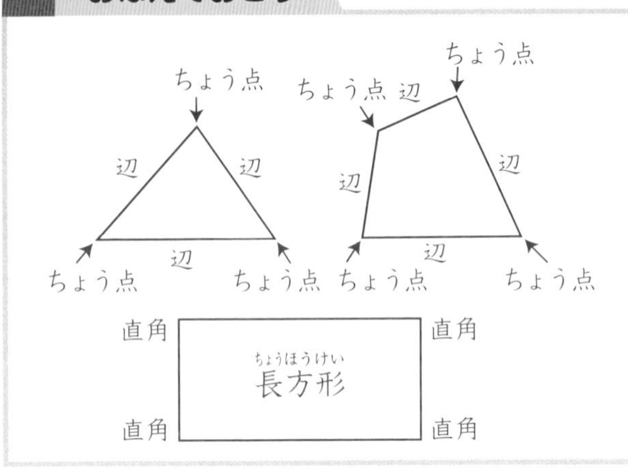


- 三角形や　四角形の　まわりの　直線を　**辺**，かどの　点を　**ちょう点**と　いいます。
- 4つの　かどの　形が　ぜんぶ　直角に　なって　いる　四角形を　**長方形**と　いいます。

**3** 長方形を　見て　こたえましょう。　〔1もん　5点〕

（長方形）

① ちょう点は　いくつ　ありますか。　（　　　　）

② 直角は　いくつ　ありますか。　（　　　　）

③ 同じ　長さの　辺は　なんくみ　ありますか。　（　　　　）

**4** 下の　ずの　中から　長方形を　5つ　えらんで，㋐～㋚の　きごうで　こたえましょう。　〔1つ　7点〕

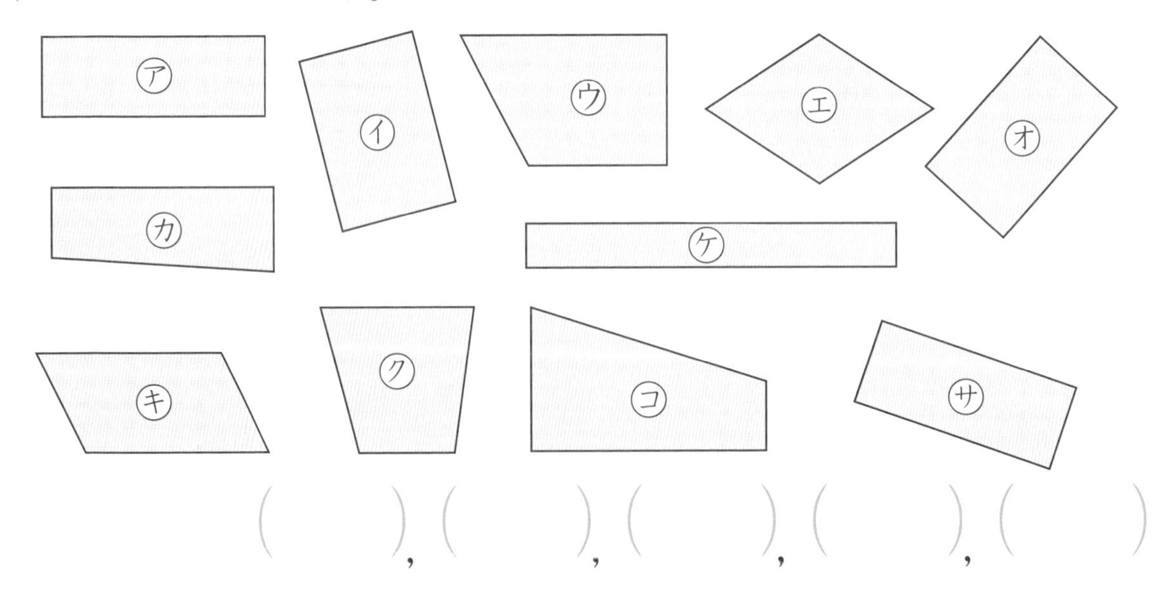


（　　　），（　　　），（　　　），（　　　），（　　　）



直角，辺，ちょう点を　正しく　おぼえよう。

とくてん　　てん

# 三角形と　四角形　⑥

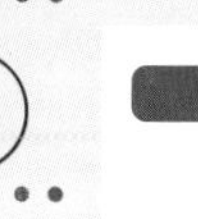
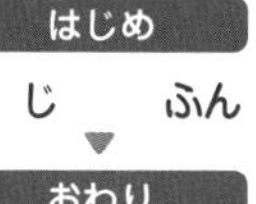
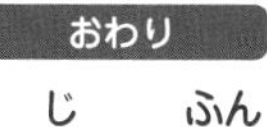

はじめ　じ　ふん
おわり　じ　ふん

むずかしさ ★★

月　日　名まえ

## おぼえておこう

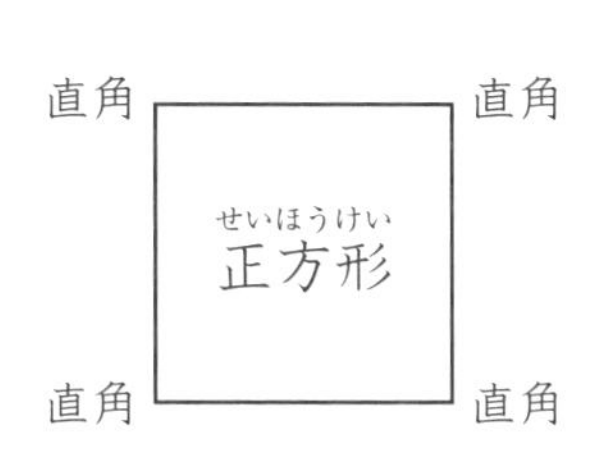


● 4つの　かどの　形が　ぜんぶ　直角で，4つの　辺の　長さが　ぜんぶ　同じに　なって　いる　四角形を　**正方形**と　いいます。

**1** 正方形を　見て　こたえましょう。〔1もん　10点〕

（正方形）

① 直角は　いくつ　ありますか。（　　　）

② 4つの　辺の　長さは　同じですか。ちがいますか。（　　　）

**2** 下の　ずの　中から　正方形を　3つ　えらんで，㋐～㋙の　きごうで　こたえましょう。〔1つ　5点〕

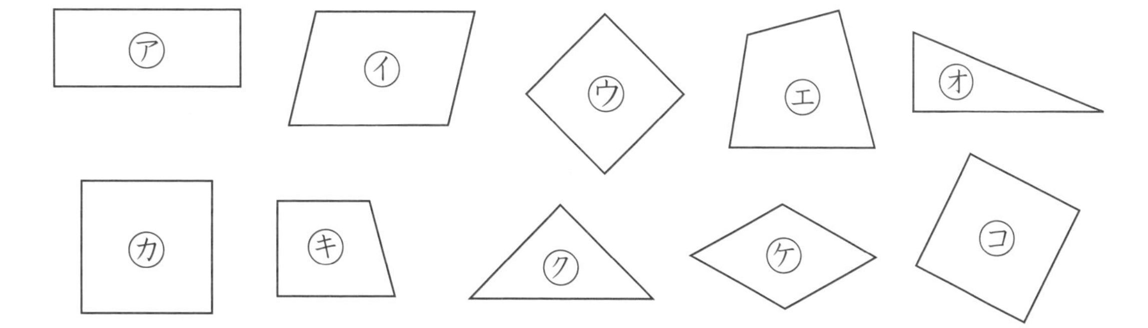


（　　　），（　　　），（　　　）

**3** ずの　㋐～㋘の　形は，下の　①，②，③の　形の　どれに　あてはまりますか。㋐～㋘の　きごうで　こたえましょう。

〔1もん　ぜんぶ　できて　15点〕

㋐　㋑　㋒　㋓　㋔　㋕　㋖　㋗　㋘

① 正方形……………………………………（　　　　　）

② 長方形……………………………………（　　　　　）

③ 正方形でも　長方形でも　ない　形………（　　　　　）

**4** 長方形の　かみを，ずのように　おって　たてに　きりました。

〔1もん　10点〕

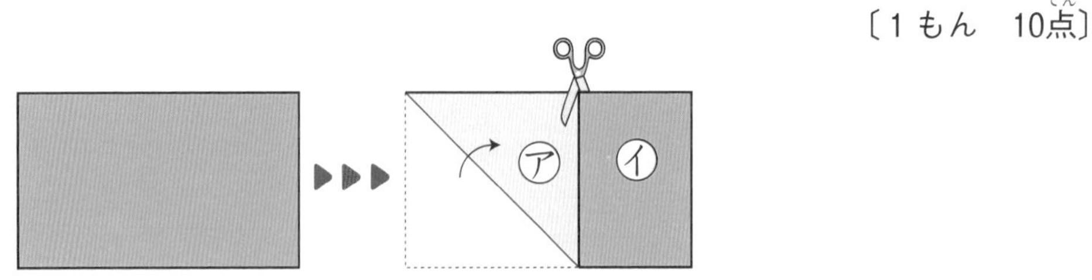


① ㋐を　ひらくと，どんな　形が　できますか。（　　　　　）

② ㋑は　どんな　形ですか。（　　　　　）



正方形や　長方形を　正しく　おぼえよう。

とくてん　　　てん

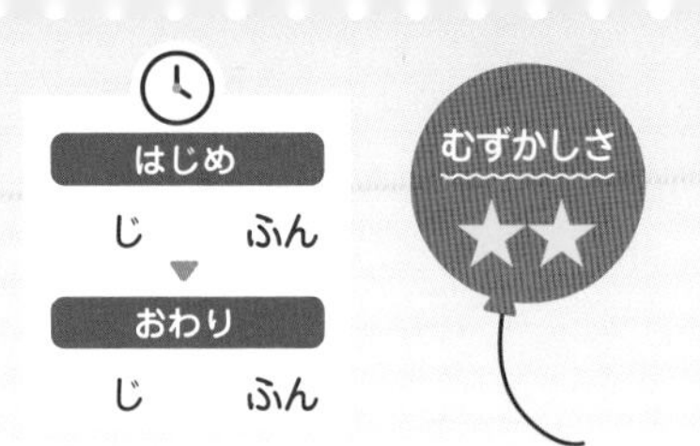

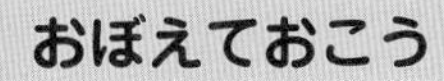


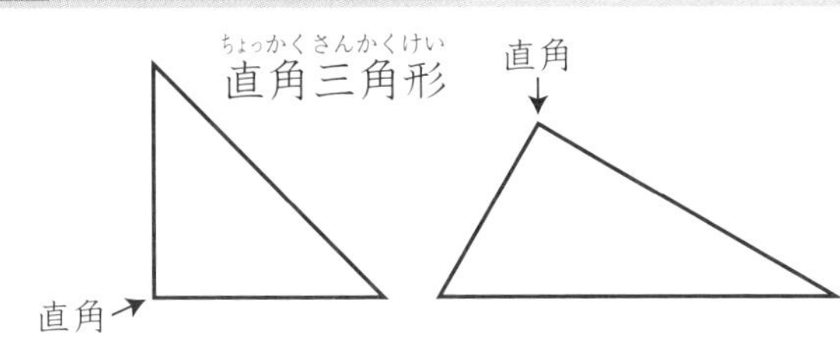


● 1つの　かどが　直角に　なって　いる　三角形を，**直角三角形**と　いいます。

**1** 下の　三角形で，直角に　なって　いる　かどを　三角じょうぎで　しらべ，ぜんぶに　○を　つけましょう。　〔ぜんぶ　できて　20点〕

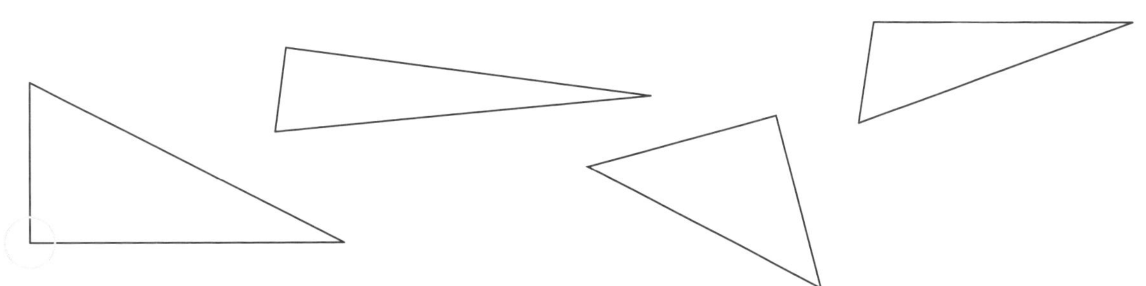

**2** 下の　ずの　中で，直角三角形は　どれですか。ぜんぶ　見つけて　㋐～㋗の　きごうで　こたえましょう。（三角じょうぎで　しらべましょう。）　〔ぜんぶ　できて　30点〕

（　　　　　）

**3** 正方形や　長方形を　下の　ずのように　点線の　ところで　きりました。それぞれ　どんな　三角形が　いくつ　できますか。

〔1もん　10点〕

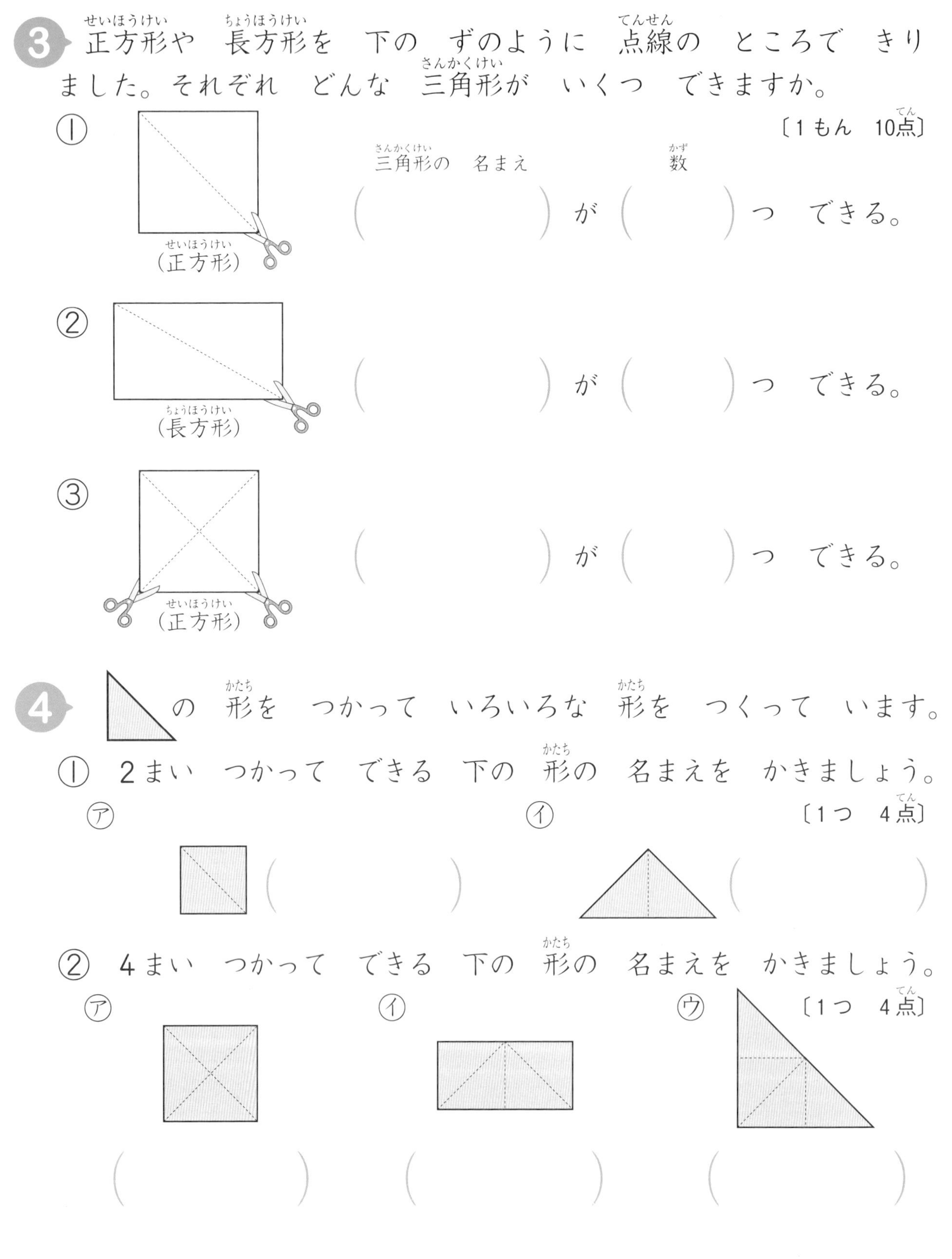


**4** の　形を　つかって　いろいろな　形を　つくって　います。

① 2まい　つかって　できる　下の　形の　名まえを　かきましょう。

〔1つ　4点〕

㋐ (　　　)　㋑ (　　　)

② 4まい　つかって　できる　下の　形の　名まえを　かきましょう。

〔1つ　4点〕

㋐ (　　　)　㋑ (　　　)　㋒ (　　　)



まちがえた　もんだいは，もう　いちど　やりなおして　みよう。

とくてん　　てん

# 三角形と　四角形 

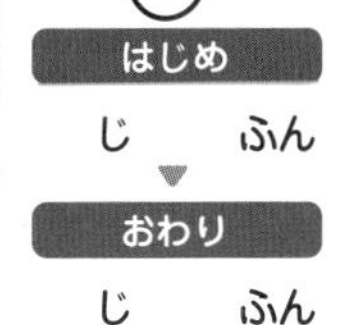

月　日　名まえ

**1** 下の　ほうがんしに　いろいろな　大きさの　正方形を　3つ　かきましょう。〔1つ　5点〕

**2** 下の　ほうがんしに　いろいろな　長方形を　3つ　かきましょう。〔1つ　5点〕

**3** 下の　ほうがんしに　いろいろな　直角三角形を　4つ　かきましょう。〔1つ　5点〕

〈れい〉

**4** 下の　ほうがんしに　㋐〜㋒の　四角形を　かきましょう。

〔1もん　10点〕

㋐　辺の　長さが　4cmの　正方形

㋑　2つの　辺の　長さが　3cmと　6cmの　長方形

㋒　2つの　辺の　長さが　2cmと　10cmの　長方形

**5** 下の　ほうがんしに　㋐と　㋑の　直角三角形を　かきましょう。

〔1もん　10点〕

㋐　直角を　つくる　2つの　辺の　長さが　4cmと　5cm

㋑　直角を　つくる　2つの　辺の　長さが　7cmと　3cm

1cm
1cm



もんだいの　ほかにも，いろいろな　正方形と　長方形と
直角三角形を　かいて　みよう。

とくてん　　てん

# はこの 形（かたち） ①

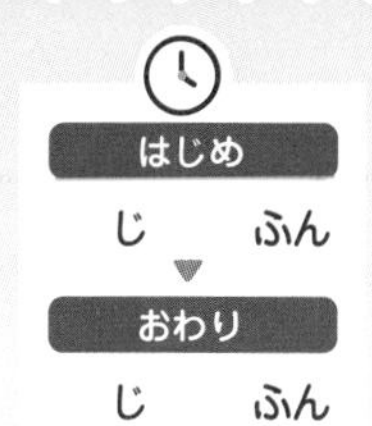

月　日　名まえ

**1** 左の　はこの　青い　線（せん）の　ところを　きって，右のように　ひらきました。正しい　ほうに　○を　つけましょう。〔1もん　10点（てん）〕

①

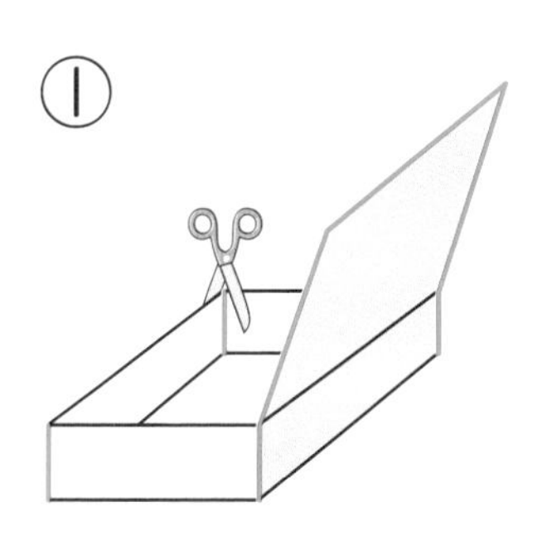

㋐

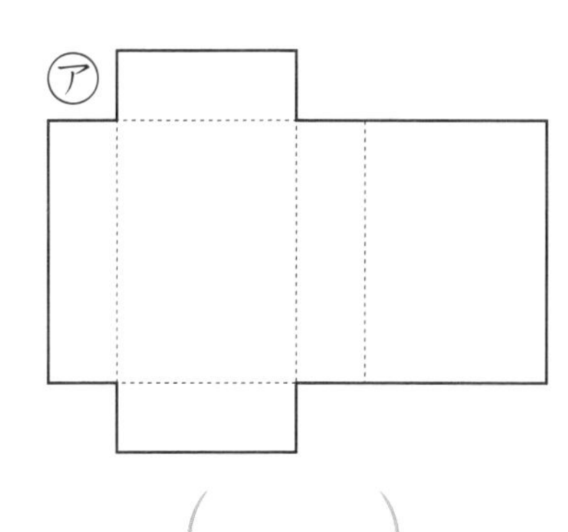

（　　）

㋑

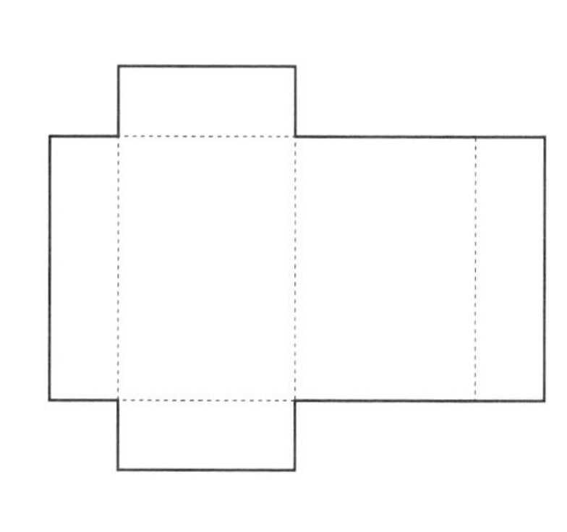

（　　）

②

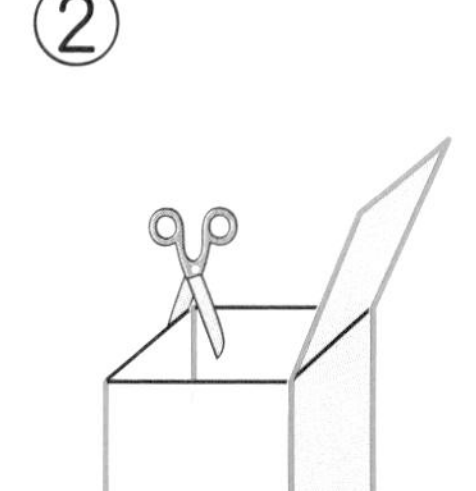

㋐

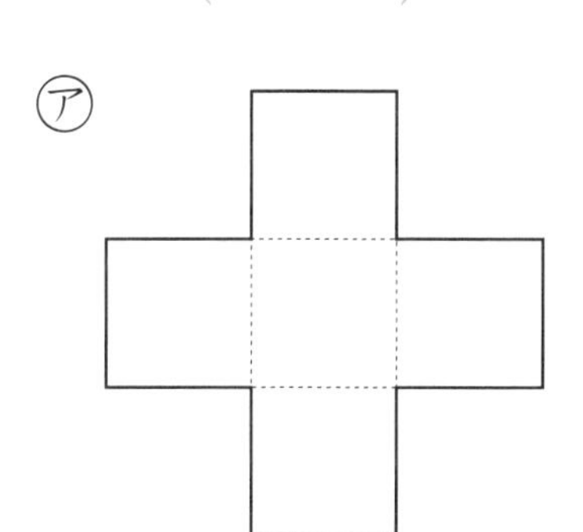

（　　）

㋑

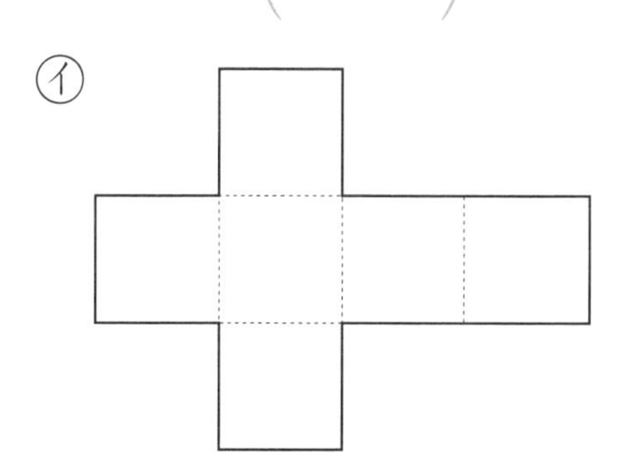

（　　）

③

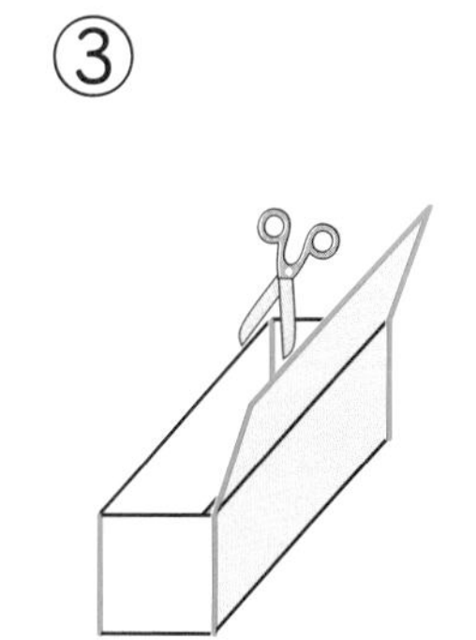

㋐

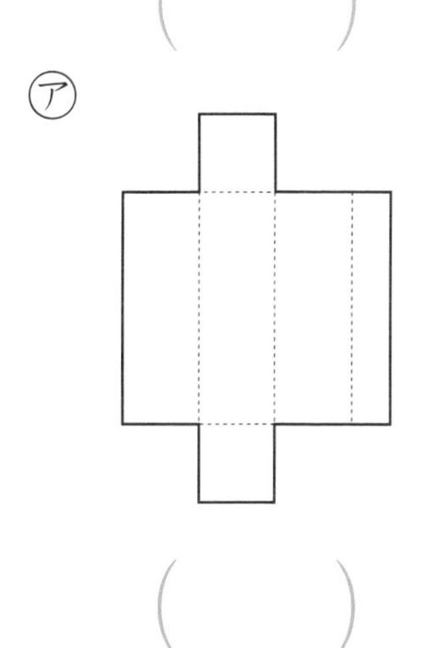

（　　）

㋑

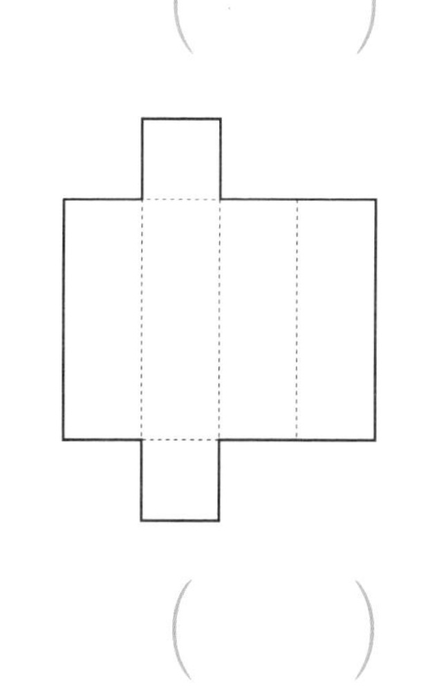

（　　）

**2** はこの　たいらな　ところを　**面**と　いいます。下の　ずの　(　　)に　あう　ことばを　かきましょう。また　①〜④の　もんだいに　こたえましょう。　〔(　　)1つ　2点〕

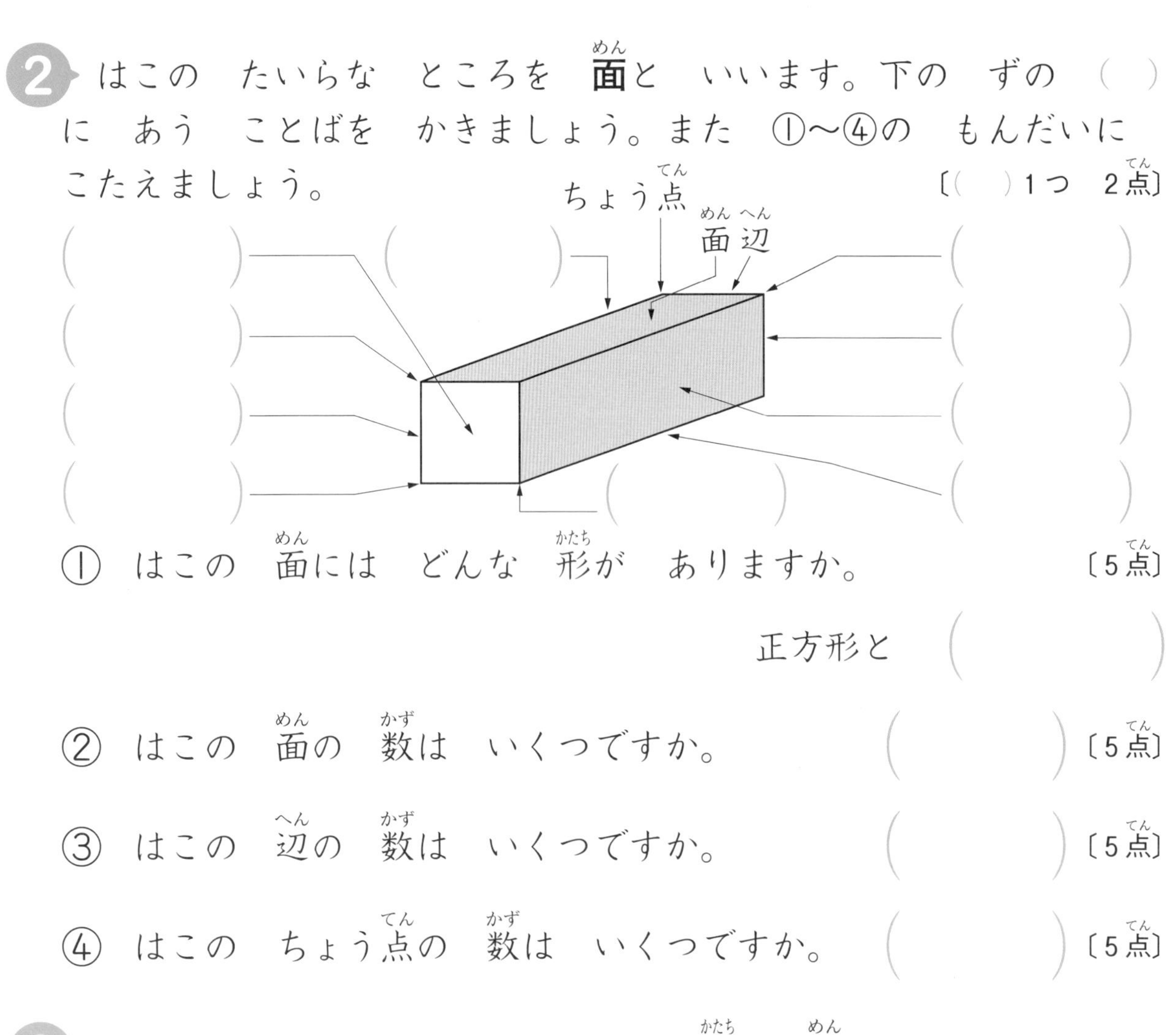


① はこの　面には　どんな　形が　ありますか。　〔5点〕

正方形と　(　　　　)

② はこの　面の　数は　いくつですか。　(　　　　)　〔5点〕

③ はこの　辺の　数は　いくつですか。　(　　　　)　〔5点〕

④ はこの　ちょう点の　数は　いくつですか。　(　　　　)　〔5点〕

**3** 下の　はこには，それぞれ　どんな　形の　面が　いくつ　ありますか。(　　)に　あう　数を　かきましょう。　〔(　　)1つ　5点〕

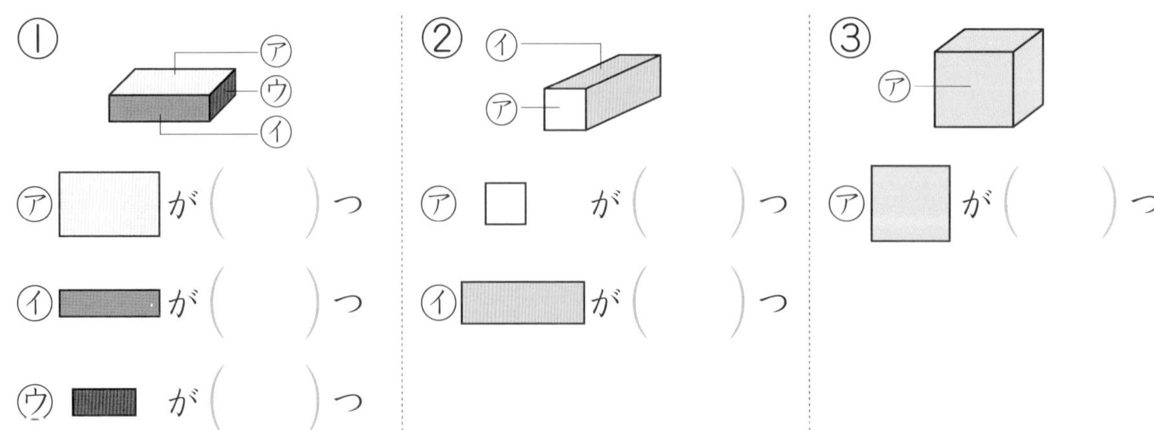




いろいろな　はこを　きって　ひらいて　みよう。

とくてん　　　てん

# はこの 形 ②

月　日　名まえ

1 左の　ひらいた　ずを　くみ立てると，右の　ずの　どの　はこが　できますか。線（せん）で　つなぎましょう。〔1本　10点（てん）〕

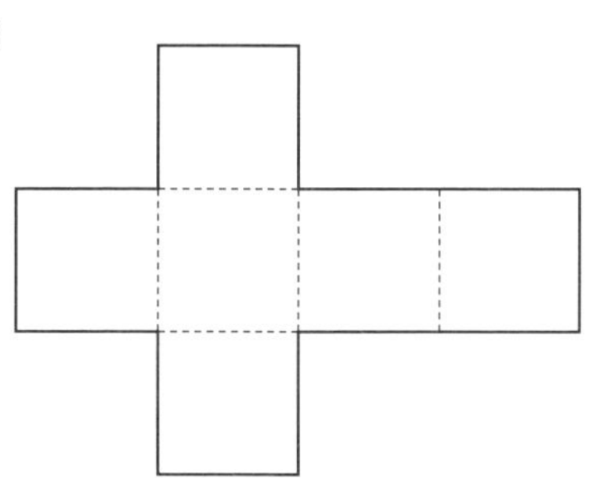

㊍ 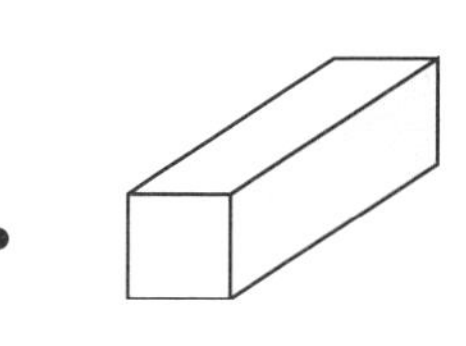

い 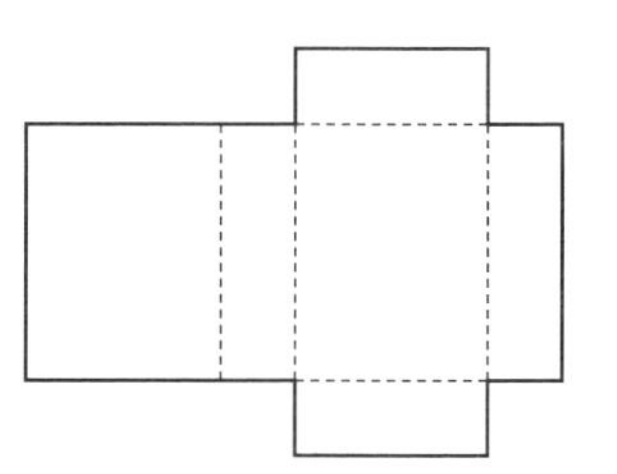

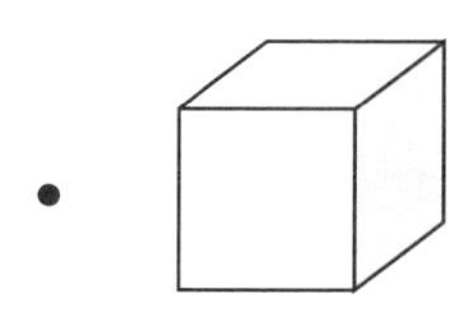

う 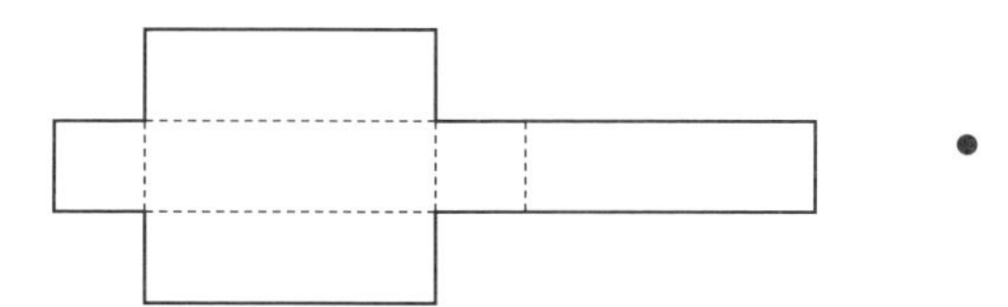

き 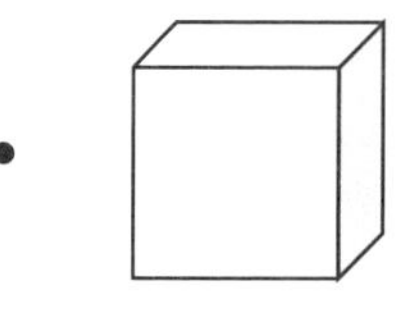

え 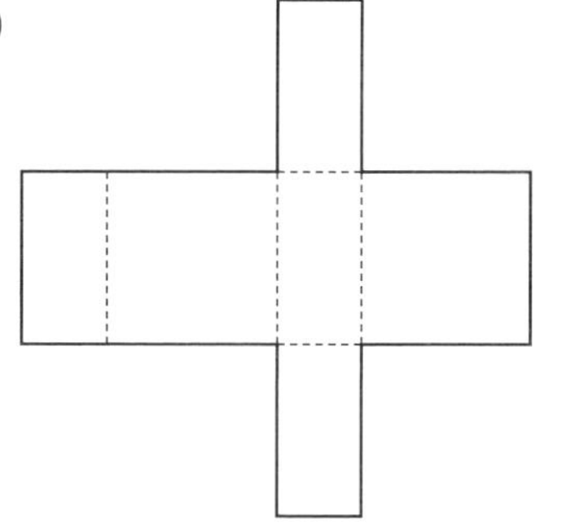

く 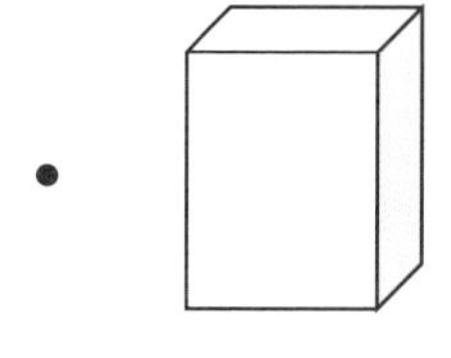

**2** 下の　ひらいた　ずを　くみ立てて，はこを　つくろうと　おもいます。つぎの　もんだいに　こたえましょう。　〔1もん　10点〕

㋐
㋑　㋒　㋓　㋔
㋕

① ㋐の　面と　むかいあう　面は　どの　面ですか。

（　カ　）の　面

② ㋒の　面と　むかいあう　面は　どの　面ですか。

（　　　）の　面

**3** 下の　それぞれの　はこの　青い　線の　ところを　きって　ひらきました。ひらいた　ずに，㋐の　面を　かきたしましょう。

〔1もん　10点〕

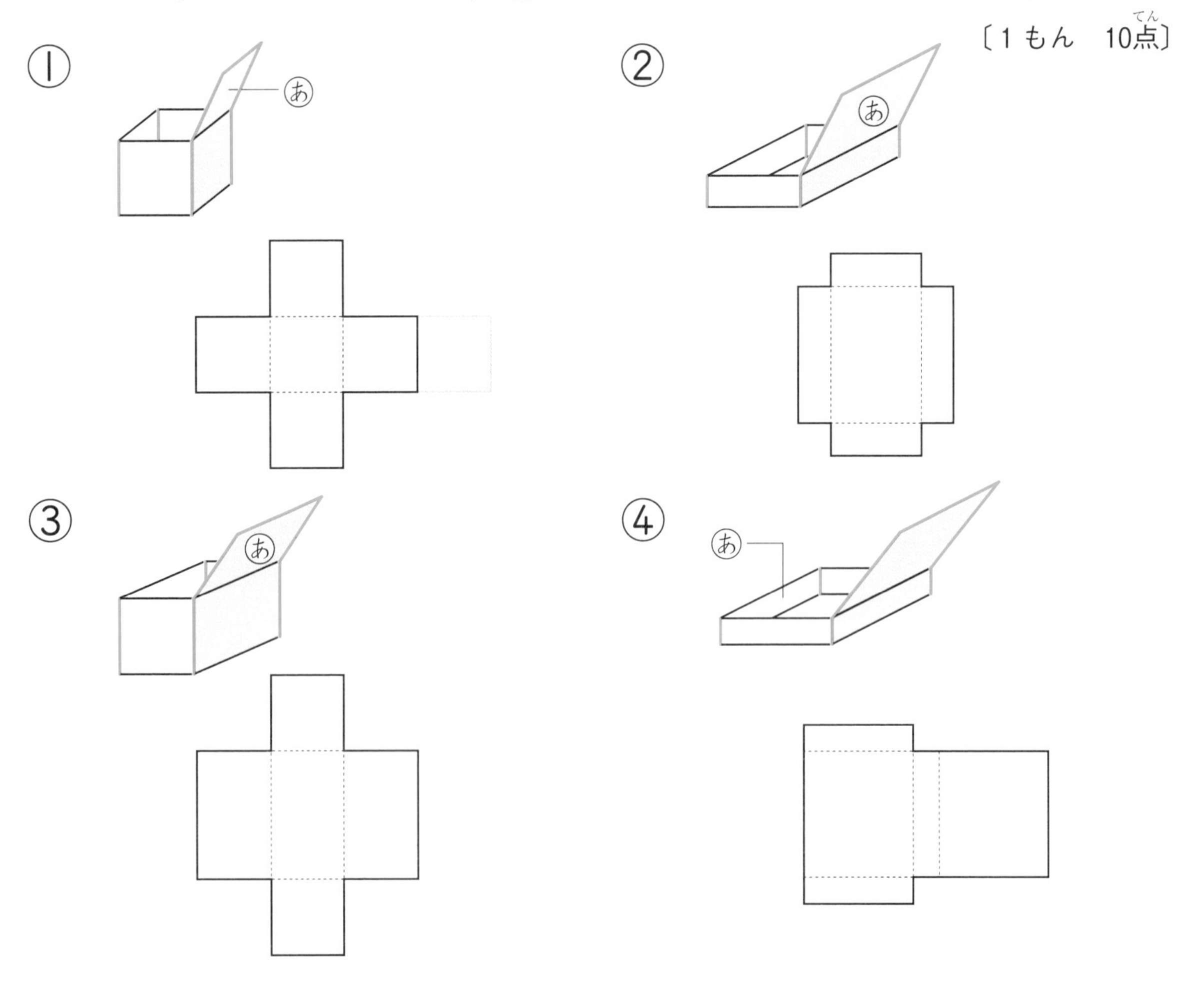




ひらいた　はこを，おって　くみ立てて　みよう。

てん

# 40 ひょうと　グラフ　①

月　　日　名まえ

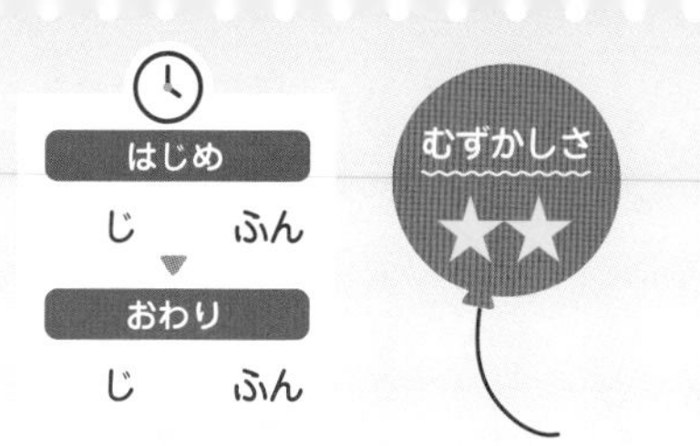


**1** いちばん　すきな　くだものを　しらべて　います。〔1もん　10点〕

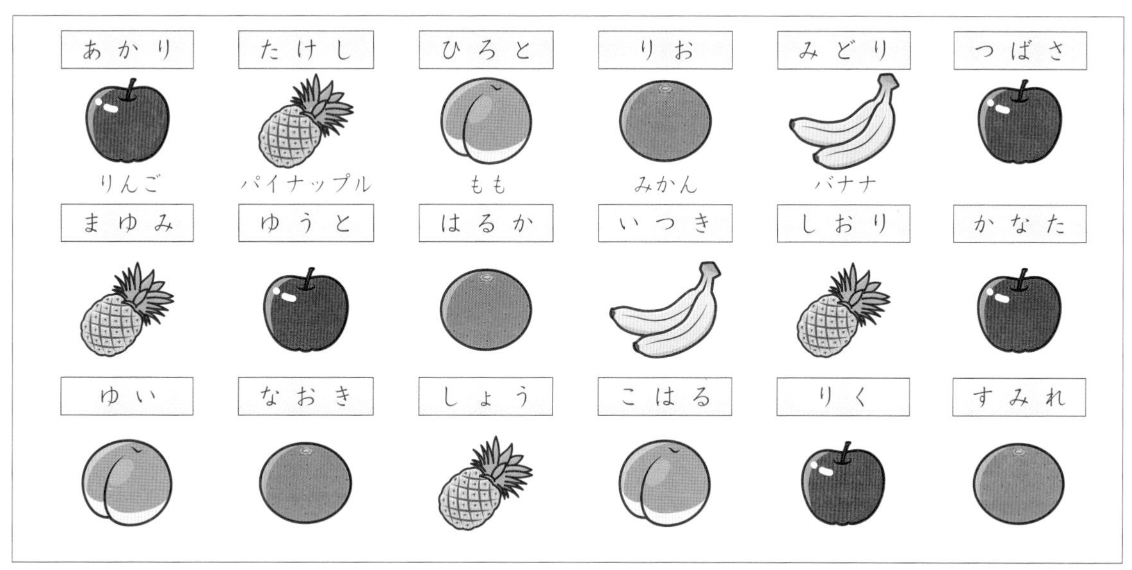


① りんごが　いちばん　すきだと　いう　人は　なん人　いますか。

（　　　　）

② パイナップルが　いちばん　すきだと　いう　人は　なん人　いますか。

（　　　　）

③ ももが　いちばん　すきだと　いう　人は　なん人　いますか。

（　　　　）

④ みかんが　いちばん　すきだと　いう　人は　なん人　いますか。

（　　　　）

⑤ バナナが　いちばん　すきだと　いう　人は　なん人　いますか。

（　　　　）

**2** **1**で　しらべた　ことを　ひょうに　まとめようと　おもいます。

① 下の　ひょうの　あいて　いる　□に，しらべた　人数(にんずう)を　かきましょう。　〔□1つ　5点(てん)〕

いちばん　すきな　くだものしらべ

| すきな　くだもの | りんご | パイナップル | もも | みかん | バナナ |
|---|---|---|---|---|---|
| 人数(にんずう)（人） | 5 | | | | |

② すきな　人が　いちばん　多(おお)い　くだものは　なんですか。〔5点(てん)〕

（　　　　　）

**3** ちゅう車じょうに，じょうよう車，トラック，バス，オートバイが，それぞれ　なんだいずつ　あるか　しらべて　います。

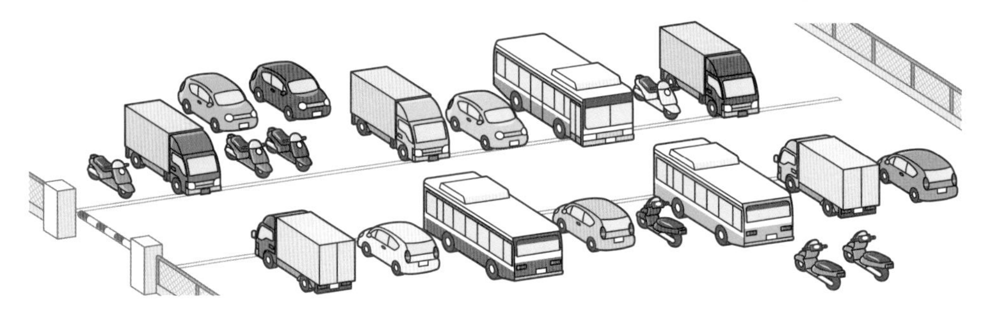

① どの　のりものが　なんだい　あるか　しらべて，ひょうに　かきましょう。　〔□1つ　5点(てん)〕

のりものの　数(かず)しらべ

| のりものの しゅるい | じょうよう車 | トラック | バス | オートバイ |
|---|---|---|---|---|
| だい数(すう)（だい） | | | | |

② だい数(すう)が　いちばん　多(おお)かったのは　なんですか。　〔5点(てん)〕

（　　　　　）



数(かず)を　まちがえないように　かぞえよう。

とくてん　　　てん

# ひょうと　グラフ　②

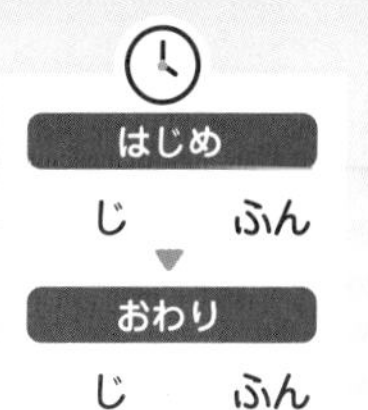

月　　日　名まえ

**1** 「いちばん　すきな　くだものしらべ」で　つくった　ひょうを見て，グラフを　かこうと　おもいます。

いちばん　すきな　くだものしらべ

| すきな　くだもの | りんご | パイナップル | もも | みかん | バナナ |
|---|---|---|---|---|---|
| 人数（にんずう）（人） | 5 | 4 | 3 | 4 | 2 |

① 上の　ひょうに　あわせて，グラフの　下の　あいて　いる　ところに，くだものの　名まえを　かきましょう。〔1つ　5点（てん）〕

② りんごのように　して，人数（にんずう）の　ぶんだけ　○を　下から　かきましょう。〔ぜんぶで　20点（てん）〕

③ すきな　人が　いちばん　多（おお）かった　くだものは　なんですか。〔5点（てん）〕

（　　　　　）

④ すきな　人が　いちばん　少（すく）なかった　くだものは　なんですか。〔5点（てん）〕

（　　　　　）

いちばん　すきな　くだものしらべ

| | | | | |
|---|---|---|---|---|
| | | | | |
| ○ | | | | |
| ○ | | | | |
| ○ | | | | |
| ○ | | | | |
| ○ | | | | |
| りんご | パイナップル | もも | | |

**2** 「のりものの　数しらべ」で　つくった　ひょうも，グラフに　あらわして　みようと　おもいます。

のりものの　数しらべ

| のりものの しゅるい | じょうよう車 | トラック | バス | オートバイ |
|---|---|---|---|---|
| だい数(だい) | 6 | 5 | 3 | 7 |

① 上の　ひょうに　あわせて，グラフの　下の　あいて　いる　ところに，のりものの　しゅるいを　かきましょう。〔1つ　5点〕

② のりものの　数の　ぶんだけ　○を下から　かきましょう。〔ぜんぶで　20点〕

③ のりものの　数が　いちばん　多かったのは，なんですか。〔10点〕

（　　　　　）

④ のりものの　数が　いちばん　少なかったのは，なんですか。〔10点〕

（　　　　　）

⑤ オートバイは，バスより　なんだい　多いでしょうか。〔10点〕

（　　　　　）

のりものの　数しらべ

| | | | |
|---|---|---|---|
| | | | |
| | | | |
| | | | |
| | | | |
| | | | |
| | | | |
| | | | |
| じょうよう車 | トラック | | |



つぎは　しんだんテストだよ。まちがえた　もんだいは，もう　いちど　やりなおして　みよう。

とくてん　　てん

# 42 しんだん テスト ①

はじめ　じ　ふん
おわり　じ　ふん

月　日　名まえ

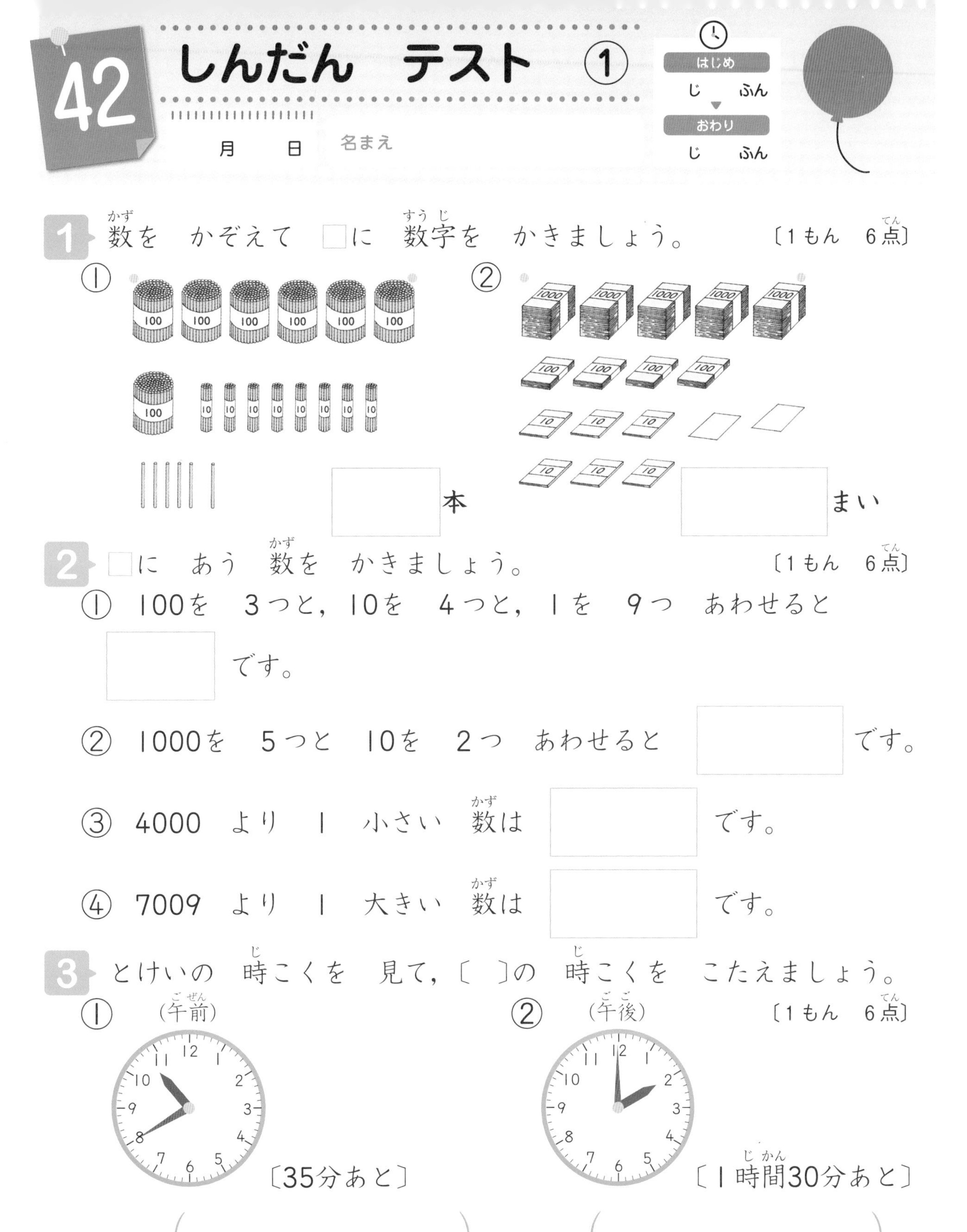

**1** 数(かず)を かぞえて □に 数字(すうじ)を かきましょう。〔1もん 6点(てん)〕

① □本

② □まい

**2** □に あう 数(かず)を かきましょう。〔1もん 6点(てん)〕

① 100を 3つと，10を 4つと，1を 9つ あわせると □ です。

② 1000を 5つと 10を 2つ あわせると □ です。

③ 4000 より 1 小さい 数(かず)は □ です。

④ 7009 より 1 大きい 数(かず)は □ です。

**3** とけいの 時(じ)こくを 見て，〔 〕の 時(じ)こくを こたえましょう。〔1もん 6点(てん)〕

① (午前(ごぜん))〔35分あと〕（　　　　）

② (午後(ごご))〔1時間(じかん)30分あと〕（　　　　）

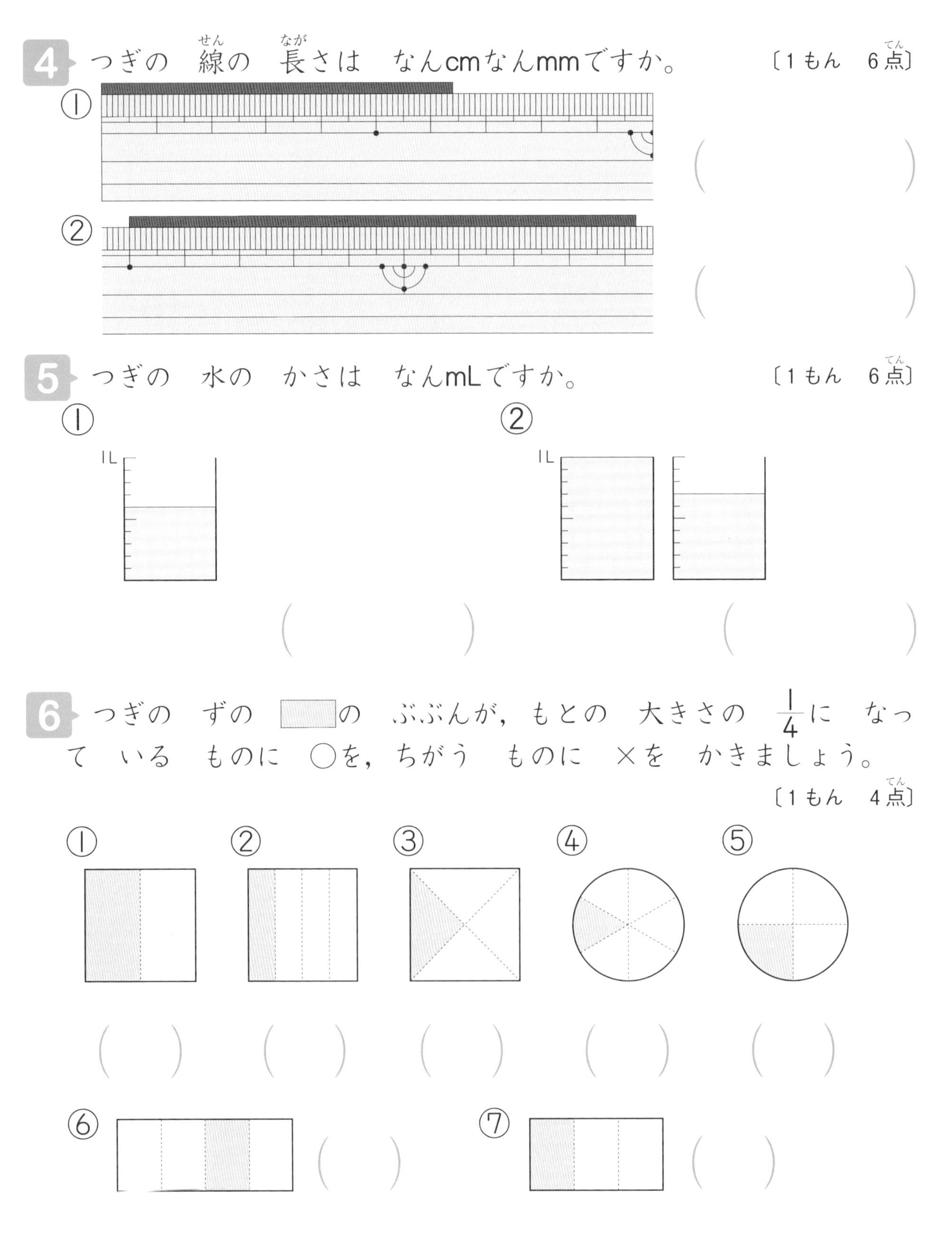

**4** つぎの　線(せん)の　長(なが)さは　なんcmなんmmですか。　〔1もん　6点(てん)〕

①　(　　　　)

②　(　　　　)

**5** つぎの　水の　かさは　なんmLですか。　〔1もん　6点(てん)〕

①　(　　　　)

②　(　　　　)

**6** つぎの　ずの　▭の　ぶぶんが，もとの　大きさの　$\frac{1}{4}$に　なって　いる　ものに　○を，ちがう　ものに　×を　かきましょう。

〔1もん　4点(てん)〕

①(　) ②(　) ③(　) ④(　) ⑤(　) ⑥(　) ⑦(　)



いままで　べんきょうした　ことを　よく　おもいだして，がんばろう。

とくてん　　てん

# 43 しんだん　テスト ②

月　日　名まえ

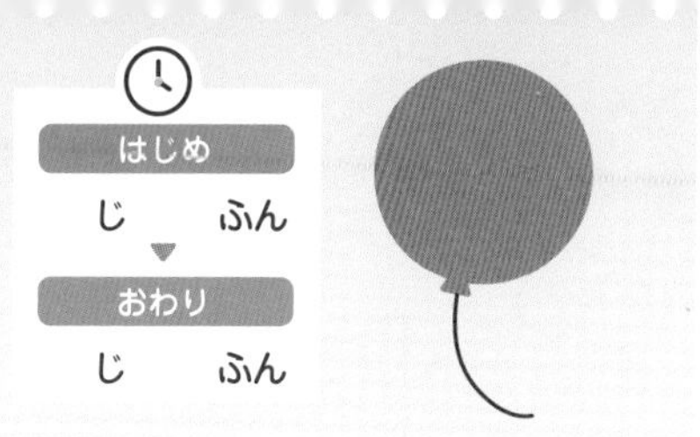


**1** 数(かず)が　大きい　ほうの（　）に　○を　かきましょう。〔1もん　4点(てん)〕

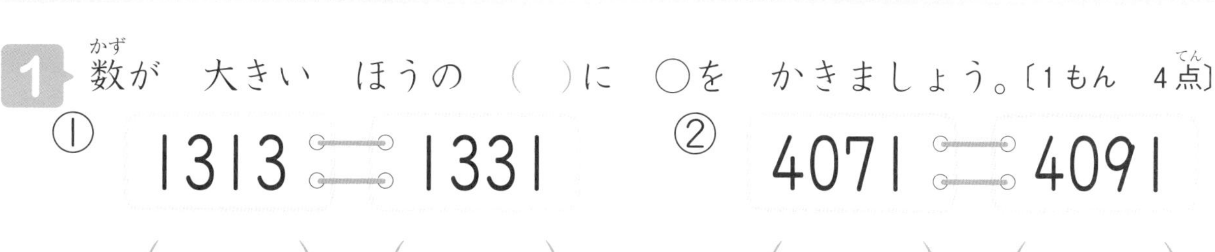

**2** つぎの　数(かず)を　数字(すうじ)で　かきましょう。〔1もん　4点(てん)〕

① 千七百六十五（　　）　② 三千四十（　　）

③ 九千六百二（　　）　④ 八千七（　　）

**3** □に　あてはまる　数(かず)を　かきましょう。〔1もん　4点(てん)〕

① 2L ＝ □ dL　② 5dL ＝ □ mL

③ 1L ＝ □ mL　④ 100mL ＝ □ dL

⑤ 23dL ＝ □ L □ dL<br>
　23dL ＝ □ mL

⑥ 1600mL ＝ □ dL<br>
　1600mL ＝ □ L □ dL

## 4 つぎの　三角形や　四角形の　名まえを　かきましょう。〔1もん　7点〕

① 直角

② 直角　直角　直角　直角

③ 直角　直角　直角　直角

(　　　　)　(　　　　)　(　　　　)

## 5 下の　はこを　きりひらいた　ずは，どんな　形を　して　いますか。㋐，㋑で，こたえましょう。〔8点〕

㋐　㋑

(　　　　)

## 6 「いちばん　すきな　くだものしらべ」で　つくった　グラフを　見て，こたえましょう。〔1もん　5点〕

① すきな　人が　いちばん　多かった　くだものは　なんですか。

(　　　　)

② すきな　人が　いちばん　少なかった　くだものは　なんですか。

(　　　　)

③ りんごを　すきな　人は，みかんを　すきな　人より　なん人　多いでしょうか。

(　　　　)

いちばん　すきな　くだものしらべ

| | ○ | | | |
|---|---|---|---|---|
| ○ | ○ | | | |
| ○ | ○ | | | ○ |
| ○ | ○ | ○ | | ○ |
| ○ | ○ | ○ | ○ | ○ |
| ○ | ○ | ○ | ○ | ○ |
| りんご | いちご | みかん | ぶどう | もも |



さいごまで　よく　がんばったね。できなかった　ところは　ふくしゅうして　おこう。

とくてん　　てん

# こたえ　2年生　数・りょう・図形

## 1　1年生の　ふくしゅう　①　1・2ページ

1 ①86　②93

2 ①46　②7，5　③8

3 ①9，2　②23　③70

4 ①　31　29　（○）（　）　②　89　98　（　）（○）

5 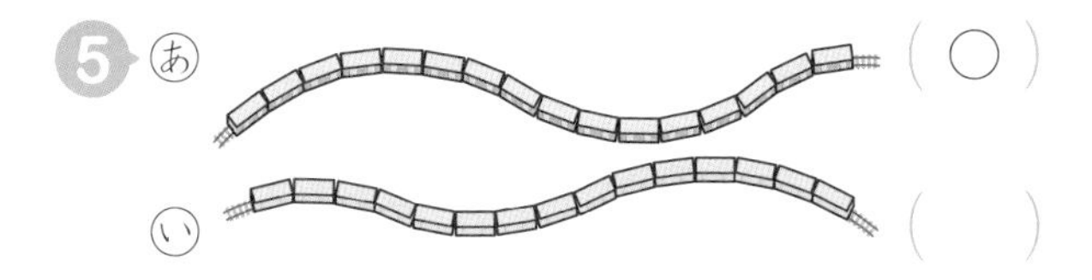

あ（○）　い（　）

6 ①え　②き

## 2　1年生の　ふくしゅう　②　3・4ページ

1 ①80　②59　③101　④97

2 青(青い　えんぴつ)，3

3 やかん，3

4 ①青　②青

5 ①1時22分　②5時49分　③5時28分

6 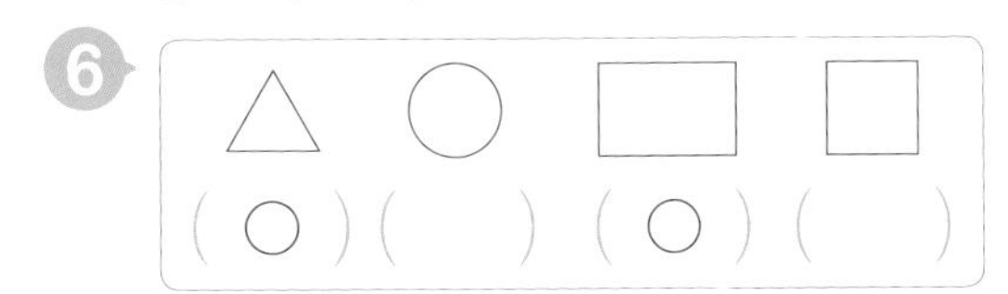

（○）（　）（○）（　）

## 3　1000までの　数　①　5・6ページ

1 ①100　②121　③200　④231　⑤310　⑥318　⑦420　⑧437

2 ①536　②863　③273　④445

**ポイント**

**100より　大きい　数を　数えます。100の　たば，10の　たば，ばらの　1が，それぞれ　いくつ　あるかを　かんがえます。**

**ときかた**

1 ②　100の　たばが　1つ，10の　たばが　2つ，ばらが　1で，121です。

2 ③　10の　まとまりが　10こで　100に　なります。10こずつ　かこんで　数えましょう。

## 4　1000までの　数　②　7・8ページ

1 ①210　②315　③423　④570　⑤641　⑥796　⑦805　⑧907

2 ①2，5　②4，8，5　③3，4　④8，1　⑤500　⑥1000　⑦7　⑧10　⑨25　⑩76

**ポイント**

**大きい　数は，100や　10や　1が，それぞれ　いくつ　あるかで　あらわす　ことが　できます。**

**ときかた**

1 ④　100が　5つで　500，10が　7つで　70で，あわせて　570です。

2 ①　250を　200と　50に　わけて　かんがえます。200は　100が　2つ，50は　10が　5つです。

## 5 1000までの 数 ③ 9・10ページ

1 ①2，4，3 ②3，0，7
③7，9，4 ④960 ⑤803

2 ①二百，四十，三 ②二百四十三

3 ①三百六十五 ②九百十八
③七百二十 ④八百九

4 ①476 ②613 ③860 ④507
⑤902 ⑥1000

**ポイント**

**3けたの 数(かず)は，百のくらい，十のくらい，一のくらいの 数字(すうじ)で あらわせます。**

**ときかた**

1 ② なにも ない 十のくらいは 0に なります。

4 ③ 一のくらいの 数字(すうじ)は 0です。「86」と まちがえないように しましょう。

## 6 1000までの 数(かず) ④ 11・12ページ

1 ①(左から)10，60，110，190，240
②320，380，430，460，520，580
③100，400，600，700，900
④870，910，940，960，990
⑤761，776，784，799，817

2 ①482 ②478 ③502 ④498

3 ①983 ②977 ③998 ④997

**ポイント**

**数(かず)の線(せん)で 大きな 数(かず)を よみとります。いちばん 小さい 1目もりが いくつかを かんがえます。**

**ときかた**

1 ② 300から 400までの 100が 10に わけられて いるので，1目もりは 10です。

2 ③ 1目もりは 1です。500より 2目もり 右に ある 数(かず)です。

## 7 1000までの 数(かず) ⑤ 13・14ページ

1 ①600 ②400 ③700 ④300
⑤800 ⑥600 ⑦100 ⑧200
⑨100 ⑩200

2 ①910 ②890 ③990 ④820
⑤780 ⑥980 ⑦10 ⑧20
⑨10 ⑩20

**ポイント**

**数(かず)の線(せん)では，数(かず)は 右へ いくほど 大きく なり，左へ いくほど 小さく なります。**

**ときかた**

1 100 大きい 数(かず)は 右へ 1目もり，100 小さい 数(かず)は 左へ 1目もりの ところの 数(かず)です。

2 数(かず)の線(せん)の 1目もりは 10です。10 大きい 数(かず)は 右へ 1目もり，10 小さい 数(かず)は 左へ 1目もりの ところの 数(かず)です。

## 8　1000までの　数　⑥　15・16ページ

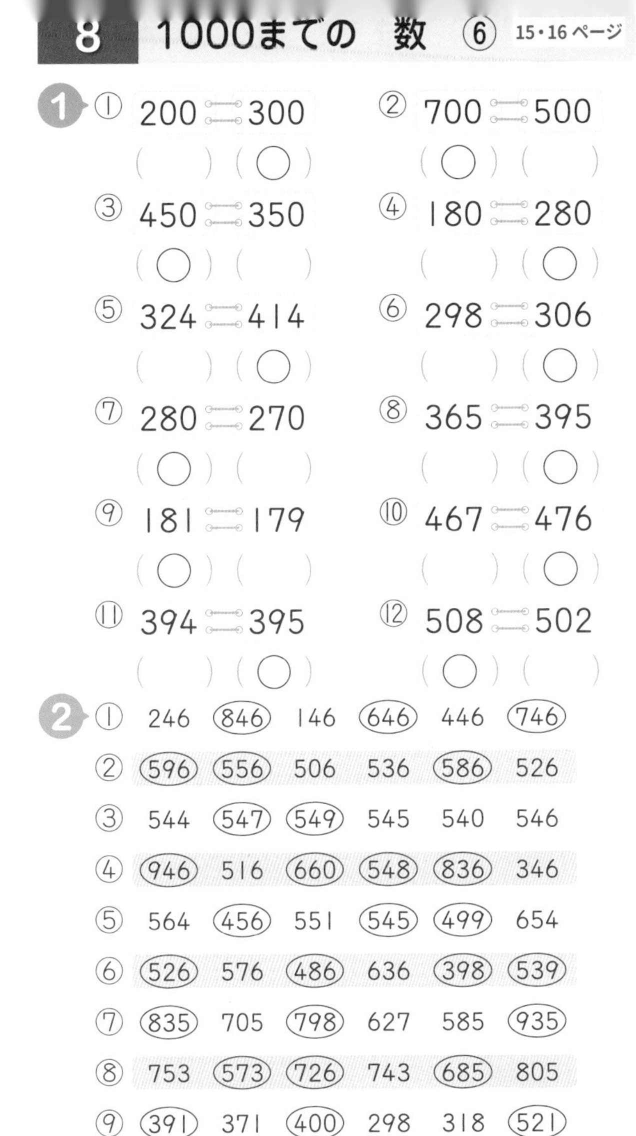


**ポイント**

**3けたの　数の　大小を　くらべます。まず，百のくらいの　数字から　くらべましょう。**

**ときかた**

1 ⑦　百のくらいは　どちらも　2なので，十のくらいで　くらべます。

## 9　10000までの　数　①　17・18ページ

1 ①1346　②2452　③3278

2 ①7436　②2463　③2369　④3507

**ポイント**

**1000より　大きい　数を　数えます。100が　10こで　1000に　なります。数えまちがえないように，しるしを　つけながら　数えましょう。**

**ときかた**

1 ①　百の　たばが　13で　1300，十の　たばが　4で　40，ばらは　6です。1300と　40と　6で，1346に　なります。

2 ①　千の　たばが　7で　7000，百の　たばが　4で　400，十の　たばが　3で　30，ばらは　6です。7000と　400と　30と　6で，7436に　なります。

## 10　10000までの　数　②　19・20ページ

1 ①2100　②3210　③4315　④6724　⑤8090　⑥5108

2 ①3，4　②4，1，2，5　③5，10　④10000　⑤15　⑥62　⑦10　⑧1000，100　⑨100　⑩80

**ポイント**

数(かず)が　4けたに　なっても，1000，100，10，1が　それぞれ　いくつ　あるかを　かんがえます。

**ときかた**

1 ①　1000が　2つで　2000，100が　1つで　100で，あわせて　2100です。

2 ①　3400を　3000と　400に　わけて　かんがえます。3000は　1000が　3つ，400は　100が　4つです。

## 11　10000までの　数(かず)　③　21・22ページ

1 ①2，3　②3，0，1，2　③4，9，0，7　④8730

2 ①二千，三百，五十，六　②二千三百五十六

3 ①七千二百九十五　②六千百八十四　③八千二十　④九千七

4 ①4872　②7518　③1400　④9010　⑤5006　⑥10000

**ポイント**

4けたの　数(かず)は，千のくらい，百のくらい，十のくらい，一のくらいの　数字(すうじ)で　あらわせます。

**ときかた**

1 ②　なにも　ない　百のくらいの　数字(すうじ)は　0です。

4 ⑤　百のくらい，十のくらいの　数字(すうじ)は　それぞれ0です。「56」と　まちがえないように　しましょう。

## 12　10000までの　数　④　23・24ページ

1 ①(左から)1000，5000，7000，9000
②1100，2600，3900，5400
③4800，7100，8700，9900
④3700，3900，4100，4400
⑤8600，8800，9000，9300

2 ①(左から)4910，4930，4950，4970，4990
②9910，9940，9960，9980，10000
③8960，8980，9000，9010，9040
④4991，4994，4996，4998，5000
⑤9990，9992，9995，9997，9999
⑥6995，6998，7000，7001，7004

**ポイント**

数(かず)の線(せん)で　10000までの　大きな　数(かず)を　よみとります。いちばん　小さい　1目もりが　いくつかを　かんがえます。

**ときかた**

1 ②　0から　1000までが　10に　わけられて　いるので，1目もりの　大きさは　100です。

2 ①　1目もりは　10です。右へ　いくほど　10ずつ　大きく　なります。

## 13 10000までの 数 ⑤ 25・26ページ

**1** ①1001 ②999 ③1011 ④1009 ⑤1010 ⑥2001 ⑦1999 ⑧2011 ⑨2009 ⑩2010

**2** ①5001 ②4999 ③5011 ④5020 ⑤6999 ⑥9999 ⑦9009 ⑧8000 ⑨5999 ⑩6009

**3** ①10000 ②8000

**ポイント**

**数(かず)の線(せん)では，数(かず)は 右へ いくほど 大きく なり，左へ いくほど 小さく なります。**

ときかた

**1** 1目もりの 大きさは 1です。1 大きい 数(かず)は 右へ 1目もり，1 小さい 数(かず)は 左へ 1目もりの ところの 数(かず)です。

**3** ① 10000は，9000より 1000 大きい 数(かず)です。

## 14 10000までの 数(かず) ⑥ 27・28ページ

**1**

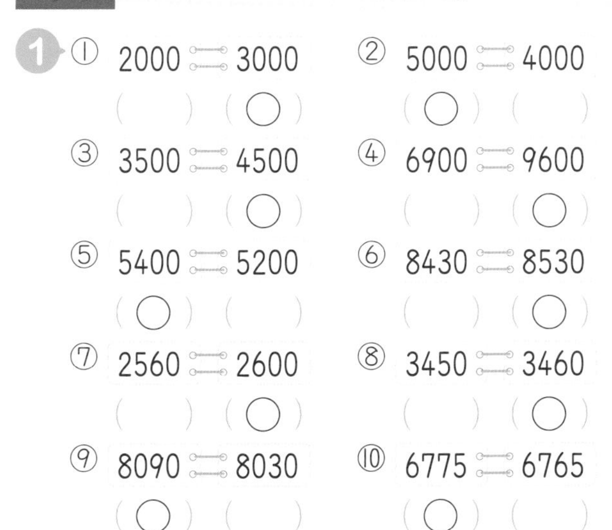


⑪ 4595 4594 (○) ( ) ⑫ 7206 7209 ( ) (○)

**2**

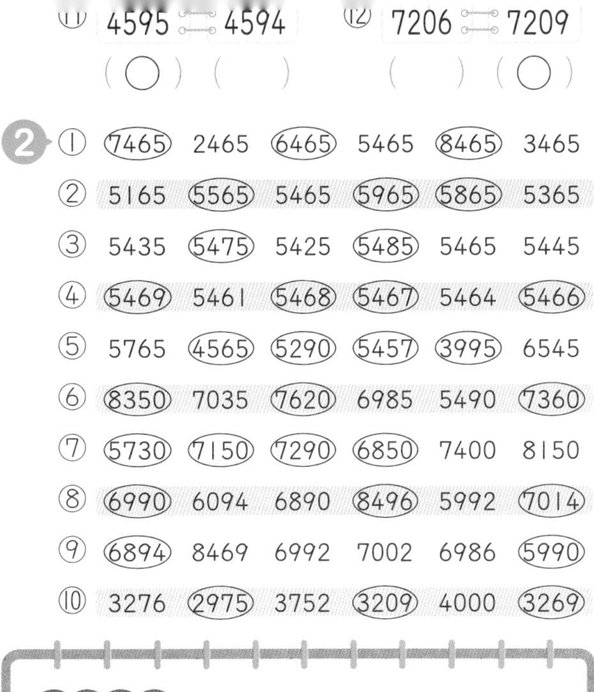


**ポイント**

**4けたの 数(かず)の 大小を くらべます。まず，千のくらいの 数字(すうじ)から くらべましょう。**

ときかた

**1** ⑤ 千のくらいは どちらも 5なので，百のくらいで くらべます。

⑧ 千のくらい，百のくらいの 数字(すうじ)が 同(おな)じです。十のくらいで くらべます。

## 15 10000までの 数 ⑦ 29・30ページ

**1** ①> ②< ③< ④>
⑤< ⑥> ⑦< ⑧<
⑨> ⑩< ⑪< ⑫>
⑬< ⑭> ⑮< ⑯>

**2** ①< ②> ③< ④<
⑤< ⑥> ⑦> ⑧<
⑨< ⑩> ⑪< ⑫<
⑬< ⑭> ⑮< ⑯>
⑰< ⑱<

**ポイント**

**数の　大小は，>，<を　つかって　あらわします。**
**10>9(10は　9より　大きい)**
**9<10(9は　10より　小さい)**

**ときかた**

**1** 　3けたの　数の　大小です。
百のくらいの　数字から　くらべて　いきます。

**2** 　4けたの　数の　大小です。
千のくらいの　数字から　くらべて　いきます。

## 16 時こくと 時間 ① 31・32ページ

**1** ①1 ②2 ③3 ④60
⑤1 ⑥60 ⑦120 ⑧2
⑨120 ⑩90

**2** ①午前 ②午後 ③正午
④午前 ⑤12 ⑥12
⑦12，12 ⑧24

**ポイント**

**1時間＝60分**
**1日は　午前が　12時間，午後が　12時間で，1日＝24時間**

**ときかた**

**1** ①　とけいの　長い　はりは　1分で　1目もり　うごきます。
⑨　2時間は　60分＋60分で　120分です。

**2** ⑧　1日は　午前の　12時間と　午後の　12時間で　24時間です。

## 17 時こくと　時間 ②　33・34ページ

1 ①0　②12　③12　④2　⑤7
⑥7　⑦10　⑧11

2 ①午前6時20分
②午後0時40分
③午前11時35分
④午後1時18分
⑤午前7時39分
⑥午後10時24分

3 ①午前11時
②正午〔または，午前12時，午後0時〕
③午前10時30分
④午後0時30分

**ポイント**

**とけいは　みじかい　はりで　「○時」を，長い　はりで　「●分」を　よみます。午前と　午後に　ちゅういして　こたえましょう。**

**ときかた**

1　とけいの　みじかい　はりは，午前の　12時間で　1まわり，午後の　12時間で　1まわりします。

2 ③　時こくは　ひるで，12時より　まえなので，午前です。みじかい　はりは　11時と　12時の　あいだを，長い　はりは　7を　さして　いるので，時こくは　午前11時35分です。

3　この　とけいの　時こくは　午前11時30分です。
④　1時間あとの　時こくは　午後に　なります。

## 18 時こくと　時間 ③　35・36ページ

1 ①20分　②30分
③25分　④20分

2 ①1時間　②2時間
③1時間30分　④1時間40分

3 ①午後4時　②午後4時10分
③午後4時15分　④午後4時5分

4 ①午前11時30分　②午後0時30分
③午後5時　④午後4時40分

**ポイント**

**まずは，とけいの　ずを　見て，時こくを　正しく　よみとります。みじかい　はりが　数字と　数字の　あいだに　あるときは，まえの　ほうの　数字を　よみます。**

**ときかた**

1 ①　とけいの　長い　はりが　20目もりぶん　すすんで　います。
②　午後4時までが　20分，午後4時からが　10分で，あわせて　30分です。

2 ①　午前10時30分から　午前11時30分まで，長い　はりは　1まわりします。
③　午後4時30分までが　1時間，午後4時30分から　午後5時までが　30分で，あわせて　1時間30分です。

3 ①　長い　はりが　とけいの　数字の　8から　9まで　すすむと，5分です。20分あとは　数字の　12まで　すすみます。

4　ちょうど　「○時間あと」の　とけいの　長い　はりは，同じ　数字を　さします。

## 19 長さ ①

37・38 ページ

**1** ①

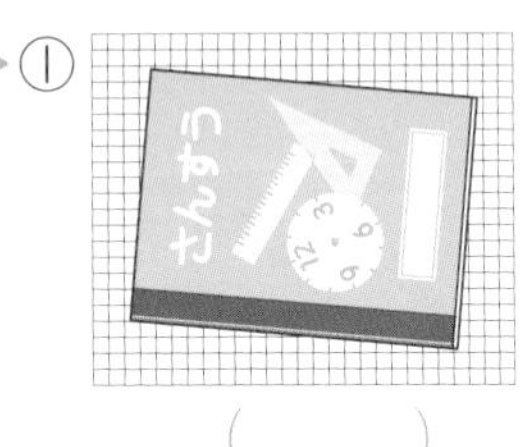


（　　　）

②

（ ○ ）

**2** ①21　②15　③6

**3** ① 3 cm　② 5 cm　③ 7 cm　④10cm　⑤13cm

**ポイント**

**長さは，1cm（1センチメートル）が　いくつぶん　あるかで　あらわします。「cm」は　長さの　たんいです。**

**ときかた**

**1** 長さを　はかるときは，はしを　目もりに　そろえて　はかります。

**2** ③　たてと　よこの　長さの　ちがい　の　ぶんだけ，たてが　長いです。

**3** それぞれの　長さは，1cmの　いくつぶん　あるかを　数えて　もとめます。

## 20 長さ ②

39・40 ページ

**1** ①（左から）5 cm，10cm，15cm

②2 cm，6 cm，9 cm，11cm，14cm

**2** ① 7 cm　②13cm

**3** ① 6 cm　② 9 cm　③ 9 cm　④11cm　⑤10cm

**ポイント**

**ものさしを　つかって　ものの　長さを　はかります。1cmの　目もりの　いくつぶんかで　長さを　よみとります。**

**ときかた**

**2** ①　線の　長さは，ものさしの　はしから　1cmが　7つぶんです。

**3** かみテープの　左はしから　1cmの　いくつぶん　あるかを　はかります。

## 21 長さ ③

41・42 ページ

**1** ① 1 mm　② 2 mm　③ 3 mm　④ 5 mm　⑤ 4 mm　⑥ 6 mm　⑦ 8 mm　⑧ 9 mm

**2** ①10mm　②11mm　③13mm　④15mm　⑤12mm　⑥16mm　⑦17mm　⑧19mm

**3** （左から）10mm，30mm，50mm，70mm，90mm，100mm

**4** ①20mm　②21mm　③25mm　④27mm　⑤30mm　⑥38mm

**5** ① 9 mm　②22mm

**ポイント**

**1cmを　同じ　長さに　10に　わけた　1つぶんの　長さを，1mm（1ミリメートル）と　いいます。「mm」も　長さの　たんいです。**

**1cm＝10mm**

**ときかた**

**1** ものさしの　いちばん　小さい　1目もりの　長さが　1mmです。この　1目もりが　いくつぶん　あるかを　よみとります。

## 22 長 さ ④

43・44 ページ

1 ①（左から）１cm５mm，５cm１mm，９cm５mm
②４cm３mm，８cm７mm，12cm３mm

2 ①７cm６mm　②12cm９mm

3 ①５cm５mm　②７cm６mm
③８cm４mm　④10cm２mm
⑤12cm８mm

**ポイント**

**○cmと　●mmで，○cm●mmと　かきます。**

ときかた

1 　1cmの　目もりの　いくつぶんかで○cmを　よみとり，そこから　1mmの　目もりで　●mmを　よみとります。

3 　かみテープの　左はしから，1cmの目もりと　1mmの　目もりが　それぞれ　いくつぶん　あるかを　よみとります。

## 23 長 さ ⑤

45・46 ページ

1 ①60cm　②90cm　③100cm

2 ①２m　②３m

3 ①１m50cm　②１m70cm
③２m80cm

4 ①10mm　⑦１cm
②15mm　⑧１cm６mm
③20mm　⑨２cm２mm
④25mm　⑩２cm７mm
⑤31mm　⑪３cm
⑥38mm　⑫３cm５mm

5 ①100cm　⑦１m
②110cm　⑧１m50cm
③155cm　⑨１m85cm
④200cm　⑩２m10cm
⑤205cm　⑪２m63cm
⑥247cm　⑫３m５cm

**ポイント**

**長い　ものの　長さを　あらわす　ときは，m（メートル）と　いう　長さの　たんいを　つかいます。**
**1m＝100cm**

ときかた

1 ③　30cmの　ものさしが　３つぶんで　90cm，あと　10cmなので，長さは　100cmです。

3 ③　1mの　ものさしが　２つぶんで2m，あと　80cmなので，長さは2m80cmです。

4 　1cm＝10mmを　つかって　かんがえます。
② 1cm5mm＝1cm＋5mm
＝10mm＋5mm
＝15mm
⑧ 16mm＝10mm＋6mm
＝1cm＋6mm
＝1cm6mm

5 　1m＝100cmを　つかって　かんがえます。
② 1m10cm＝1m＋10cm
＝100cm＋10cm
＝110cm
⑧ 150cm＝100cm＋50cm
＝1m＋50cm
＝1m50cm

## 24 長さ ⑥

47・48 ページ

1 ① 4 cm　② 8 cm　③ 12cm
④ 14cm　⑤ 9 mm　⑥ 1 cm 8 mm
⑦ 6 cm 5 mm　⑧ 9 cm 7 mm
⑨ 10cm 6 mm　⑩ 13cm 9 mm

2 ①（　）
②（　）
③（　）
④（　）

3
① 4 cm 5 mm
② 9 cm 5 mm
③ 7 cm 3 mm
④ 11cm 4 mm

**ポイント**

**ものさしで　長さを　はかる　ときは，ものの　左はしと　ものさしの　左はしを　あわせます。**

とききかた

1 かみテープの　長さは，ものさしの　cmや　mmの　目もりが　いくつぶん　あるかで　はかります。

2・3 ものさしを　つかって，まっすぐに　線を　かきましょう。

## 25 かさ(たいせき) ①

49・50 ページ

1 ① 1 dL　② 2 dL　③ 3 dL　④ 5 dL
⑤ 6 dL　⑥ 8 dL　⑦ 10dL　⑧ 15dL

2 ① 1 L　② 2 L　③ 5 L　④ 7 L

3 ① 1 L 1 dL　② 1 L 3 dL
③ 1 L 6 dL　④ 1 L 9 dL
⑤ 2 L 1 dL　⑥ 2 L 4 dL
⑦ 3 L 2 dL　⑧ 4 L 3 dL

4 ① 1 dL　② 3 dL　③ 7 dL
④ 1 L 4 dL　⑤ 2 L 8 dL

**ポイント**

**水などの　かさ(たいせき)は，1dL(1デシリットル)が　いくつぶん　あるかで　あらわします。「dL」は　かさの　たんいです。**
**大きな　かさを　あらわす　ときは，L(リットル)と　いう　たんいを　つかいます。**
**1L＝10dL**

とききかた

1 1dLの　ますが　いくつぶん　あるかを　数えます。

2 1Lの　ますが　いくつぶん　あるかを　数えます。

3 ② 1Lの　ますが　1つで　1L，1dLの　ますが　3つで　3dL，あわせて　1L3dLです。

4 1Lの　ますを　10に　わけているので，いちばん　小さい　1目もりは　1dLです。その　いくつぶんかを　よみとります。

## 26 かさ(たいせき) ② 51・52ページ

**1** あ－き　い－け　う－か　え－こ　お－く

**2** ①10　②30　③70　④90
⑤2　⑥5　⑦6　⑧8
⑨1，7　⑩2，9　⑪4，6　⑫3，8
⑬5，3　⑭6，5　⑮13　⑯19
⑰24　⑱41　⑲76　⑳98

**ときかた**

**1** 1dLの　ますが　10こで　1Lです。1dLの　ますを　数(かぞ)えて，なんLなんdLかを　かんがえます。

**2** 1L＝10dLを　つかって　かんがえます。

⑨ 17dL＝10dL＋7dL
＝1L＋7dL
＝1L7dL

⑩ 29dL＝20dL＋9dL
＝2L＋9dL
＝2L9dL

⑮ 1L3dL＝1L＋3dL
＝10dL＋3dL
＝13dL

## 27 かさ(たいせき) ③ 53・54ページ

**1** ①10mL　②20mL　③30mL
④40mL　⑤50mL　⑥60mL
⑦70mL　⑧80mL　⑨90mL
⑩100mL

**2** ①40mL　②60mL　③120mL

**3** ①100mL　②200mL　③400mL
④600mL　⑤700mL　⑥900mL
⑦1000mL

**4** ①500mL　②900mL　③1100mL
④1300mL

**ポイント**

**1dLより　少(すく)ない　かさ(たいせき)を　あらわす　たんいに，mL(ミリリットル)が　あります。**
**1dL＝100mL**
**1L＝1000mL**

**ときかた**

**1** ②　1dLの　ますの　1目もりは　10mLなので，2目もりは　20mLです。

**3** ②　1Lの　ますの　1目もりは　100mLなので，2目もりは　200mLです。

## 28 かさ(たいせき) ④ 55・56ページ

**1** ①100　②300　③2　④5
⑤4　⑥7　⑦1000　⑧2000
⑨3　⑩5

**2** ①［1，1／1100］　②［1，2／1200］
③［13／1，3］　④［23／2，3］

**3** ①<　②>　③<　④>　⑤>
⑥>　⑦<　⑧<　⑨>　⑩>
⑪<　⑫<　⑬<　⑭>　⑮>
⑯<

**4**

① 200mL(3)　11dL(1)　1L(2)

② 3L(1)　20dL(2)　350mL(3)

③ 60dL(2)　1200mL(3)　11L(1)

④ 2L(2)　18dL(3)　2100mL(1)

**ポイント**

**ちがう　かさの　たんいの　大小を　くらべるときは，同じ　たんいに　して　くらべます。**
**1L＝10dL**
**1dL＝100mL，1L＝1000mL**

とき方

**3** ①　6は　9より　小さいので，
6dL＜9dL
②　3は　2より　大きいので，
3L＞2L

**4** ①　200mL＝2dL，1L＝10dL

## 29 分数　57・58ページ

**1** ①〈れい〉　②〈れい〉　③〈れい〉

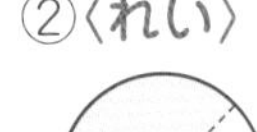
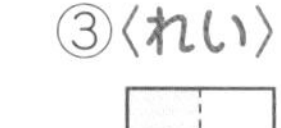

④〈れい〉　⑤〈れい〉

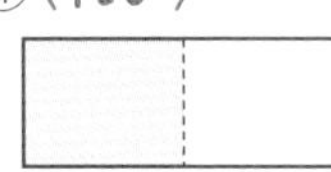
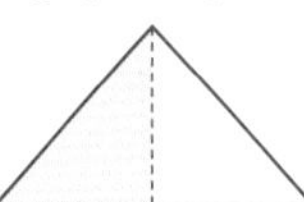

（点線のどちらがわにいろをぬってもまちがいではありません。）

**2** ①〈れい〉　②〈れい〉　③〈れい〉　④〈れい〉

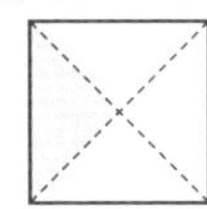
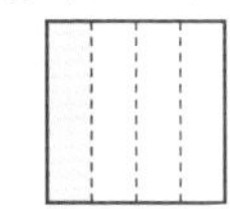
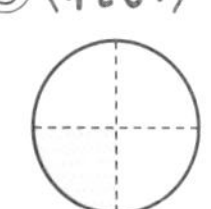
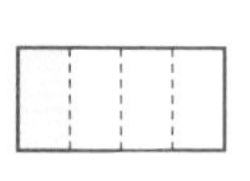

（大きさどおりにいろがぬれていれば，ぬっているばしょはどこでもかまいません。）

**3** ①○　②○　③×　④○

**4** ①〈れい〉　②〈れい〉　③〈れい〉

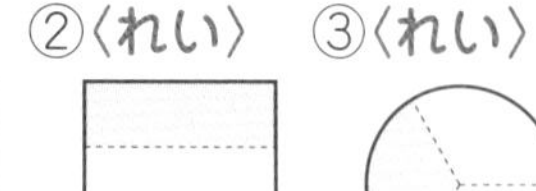
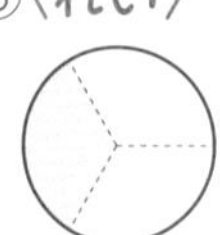

（大きさどおりにいろがぬれていれば，ぬっているばしょはどこでもかまいません。）

**5** ① $\frac{1}{2}$　② 2

**ポイント**

**もとの　大きさを，同じ　大きさに　2つに　わけた　1つぶんを　二分の一と　いい，$\frac{1}{2}$と　かきます。**

とき方

**5**　$\frac{1}{2}$の　2つぶんで，もとの　大きさに　なります。

## 30 三角形と　四角形 ①　59・60ページ

**1** ①2まい　②3まい　③5まい

**2** ①〈れい〉　②　③

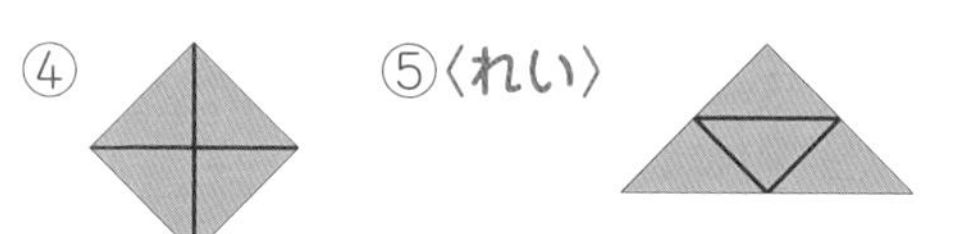

④　⑤〈れい〉
⑥〈れい〉　⑦〈れい〉

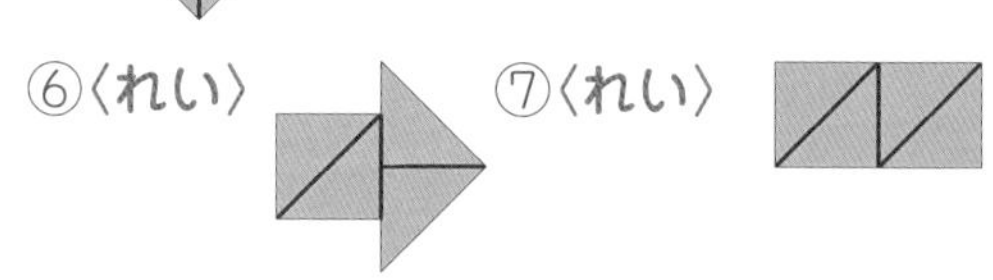

**3** ①4まい　②6まい

**4** ①7まい　②8まい　③10まい

とき方

**1** ③　右の　ずの　ように，大きな　形は　4まいの　いろいたを　つかって　います。

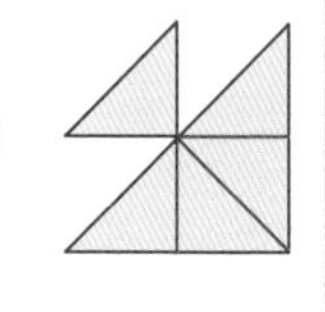

**3**・**4**　形に　線を　かいて　かんがえましょう。

## 31 三角形と　四角形 ②　61・62 ページ

**1** ①3本　②4本　③7本　④6本
⑤5本　⑥7本

**2** ①12本　②16本

**3** ①あ，う，え，き
②い，お，か

**4** ①あ，き　　②い，お，か，け

**ポイント**

**まっすぐな　線を　直線と　いいます。3本の　直線で　かこまれた　形を　三角形，4本の　直線で　かこまれた　形を　四角形と　いいます。**

**ときかた**

**1**　ぼうに　しるしを　つけながら，数えましょう。

**4**　うは　線が　はなれて　いる　ところが　あります。え，く，こは　直線で　ない　ところが　あります。

## 32 三角形と　四角形 ③　63・64 ページ

**1** ①　②　③

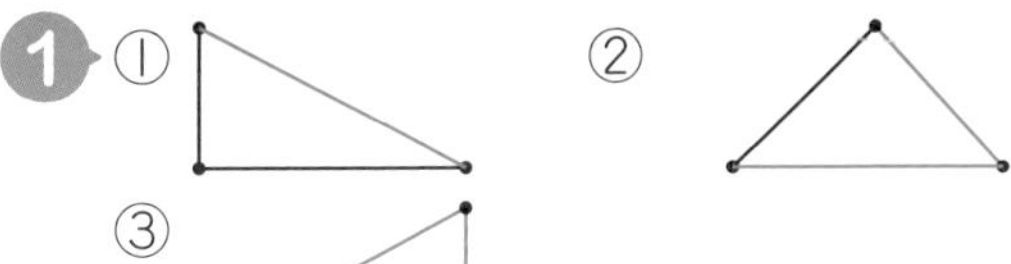

**2** ①　②　③

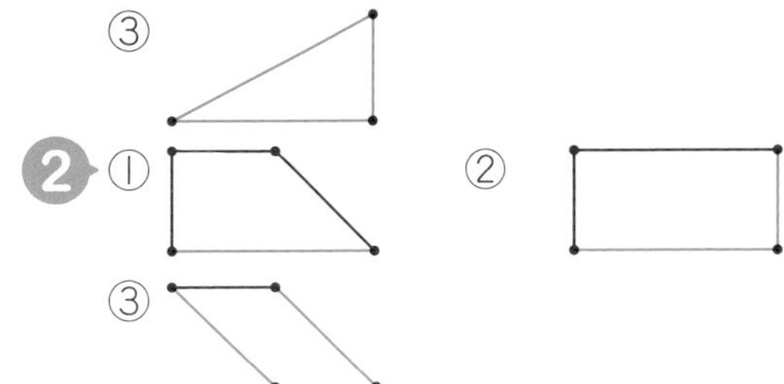

**3** 〈こたえの　れい〉

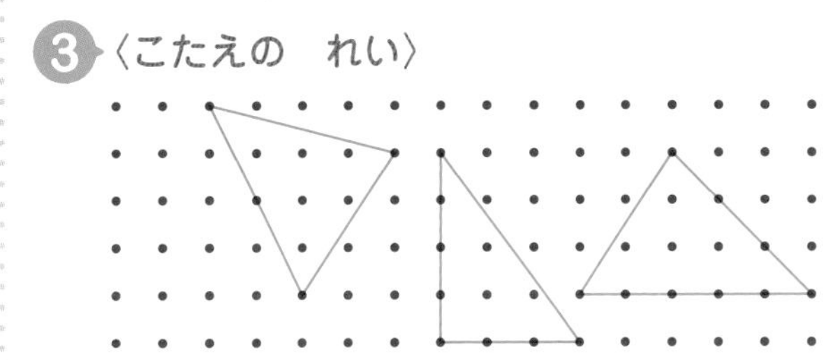

**4** 〈こたえの　れい〉

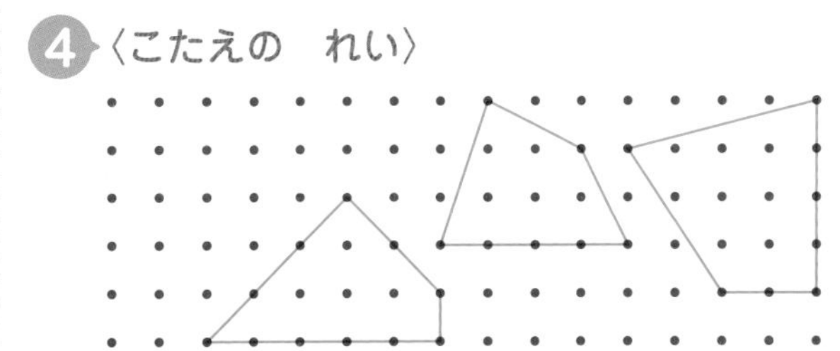

**5** 〈こたえの　れい〉

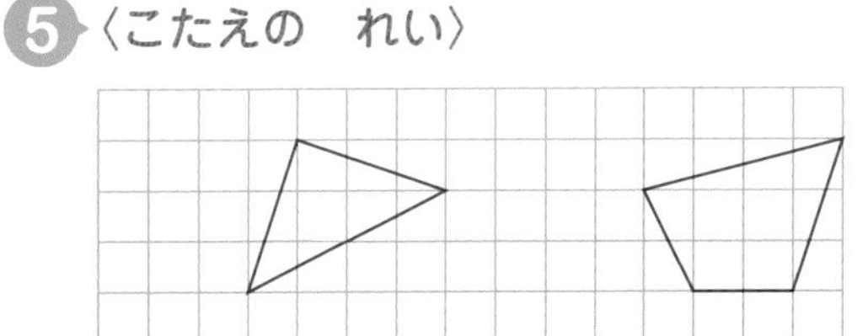

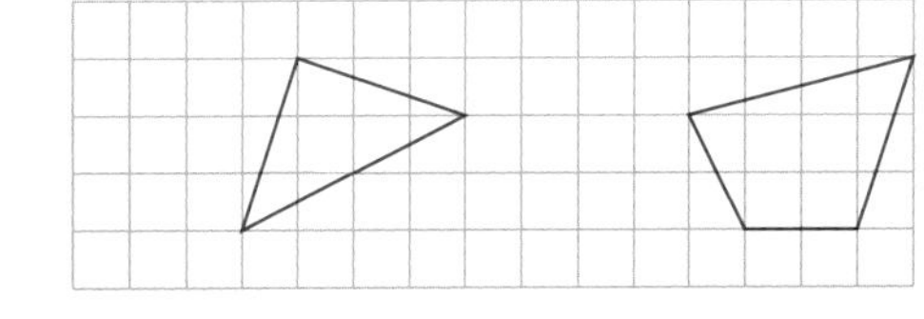

**ポイント**

**じょうぎを　つかって　直線を　かきましょう。**

**ときかた**

**3**　三角形は，3本の　直線で　かこまれた　形です。

**4**　四角形は，4本の　直線で　かこまれた　形です。

## 33 三角形と　四角形 ④ 65・66 ページ

1 三角形

2 三角形，四角形

3 ①㋐，㋓，㋕　②㋑，㋒，㋔

4 ①三角形

②三角形，四角形

③四角形

5 ①㋐，㋓　②㋑，㋔，㋖，㋗

③㋒，㋕

**ポイント**

**同じ　形でも，きる　ところに　よって　いろいろな　形が　できます。なん本の　直線で　かこまれて　いるかを　かんがえます。**

**ときかた**

3　3本の　直線で　かこまれた　形が　三角形，4本の　直線で　かこまれた　形が　四角形です。

## 34 三角形と　四角形 ⑤ 67・68 ページ

1

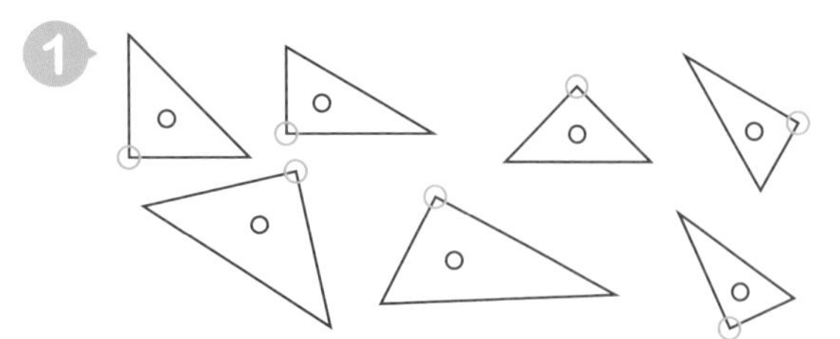

2 ①○　②×　③○

3 ①4つ　②4つ　③2くみ

4 ㋐，㋑，㋔，㋘，㋚

**ポイント**

**三角形や　四角形の　直線の　ところを　辺，かどの　点を　ちょう点と　いいます。**

**ときかた**

3 ③　長方形の　むかいあって　いる　辺の　長さは　同じです。

## 35 三角形と　四角形 ⑥ 69・70 ページ

1 ①4つ　②同じ

2 ㋒，㋕，㋙

3 ①㋑，㋓，㋕　②㋒，㋗，㋘

③㋐，㋔，㋖

4 ①正方形　②長方形

**ポイント**

**正方形と　長方形の　ちがいは　辺の　長さです。正方形は　4つの　辺の　長さが　ぜんぶ　同じに　なって　います。**

**ときかた**

3　かどの　形(直角か　どうか)と　辺の　長さ(同じか　ちがうか)で，形が　きまります。

4 ①　4つの　辺の　長さが　ぜんぶ　同じに　なります。

## 36 三角形と　四角形　⑦　71・72ページ

**1**

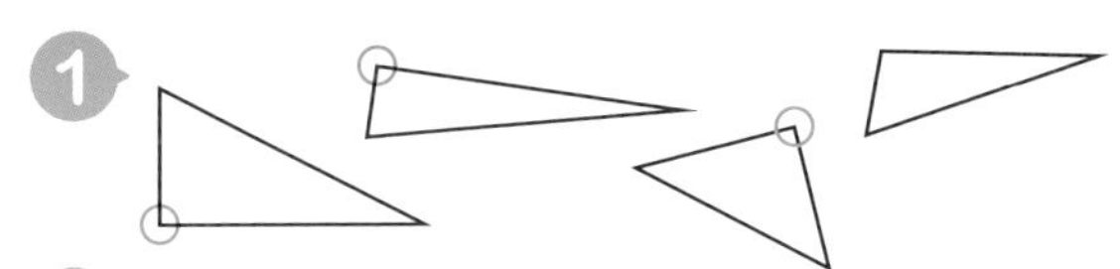

**2** ㋑，㋓，㋕，㋖

**3** ①直角三角形，２

②直角三角形，２

③直角三角形，４

**4** ①㋐正方形　㋑直角三角形

②㋐正方形　㋑長方形

㋒直角三角形

**ポイント**

三角じょうぎの　形は　直角三角形です。

**ときかた**

**3** ①② 正方形や　長方形の　４つの　かどは　みんな　直角なので，２つの　直角三角形が　できます。

③　まん中の　ところが　直角に　なるので，４つの　直角三角形が　できます。

## 37 三角形と　四角形　⑧　73・74ページ

**1** 〈こたえの　れい〉

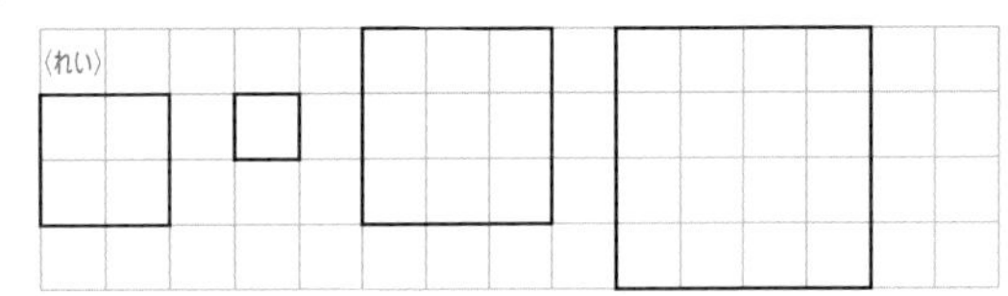


**2** 〈こたえの　れい〉

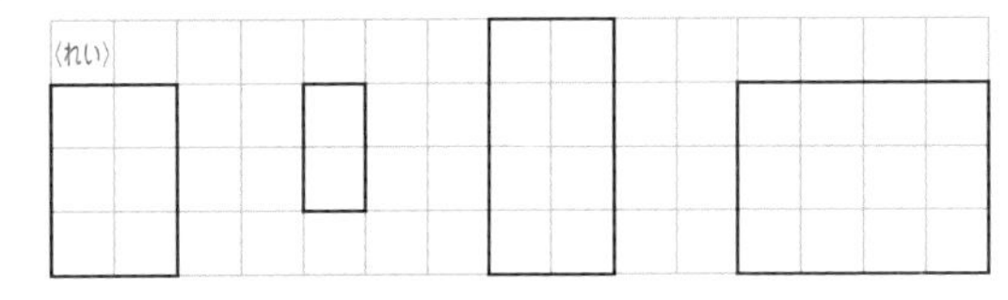


**3** 〈こたえの　れい〉

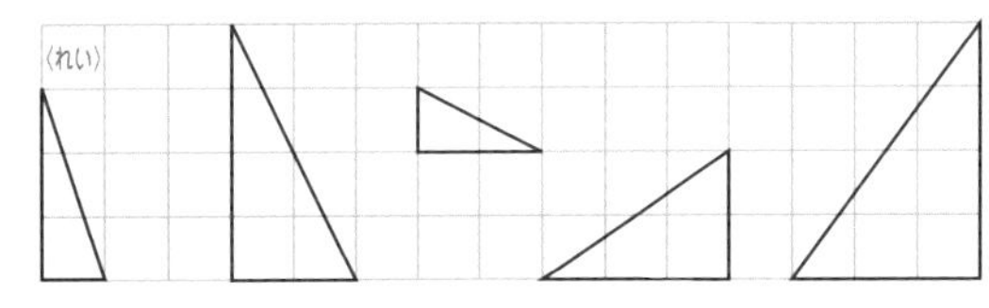


**4** 〈こたえの　れい〉

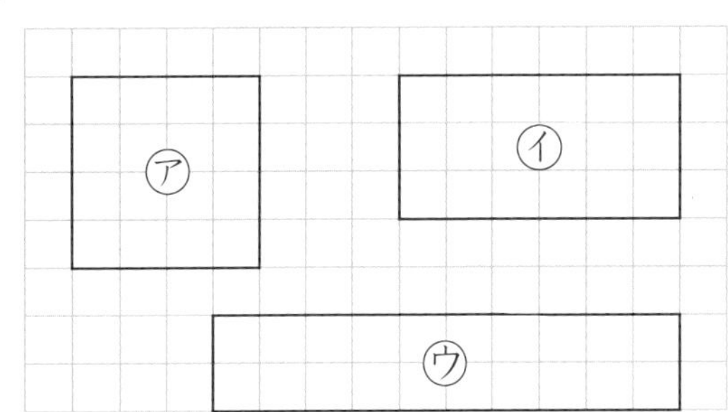


**5** 〈こたえの　れい〉

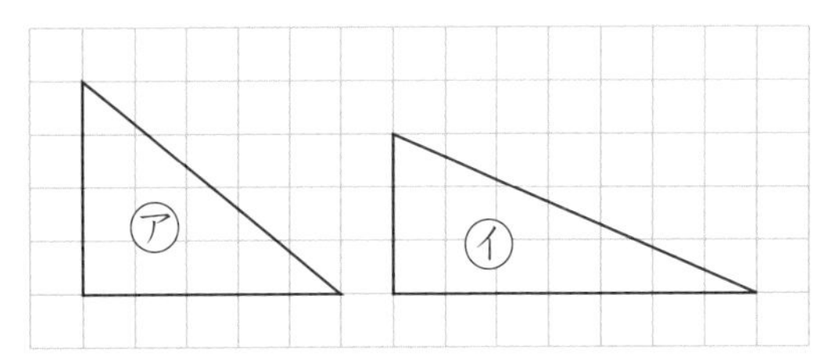

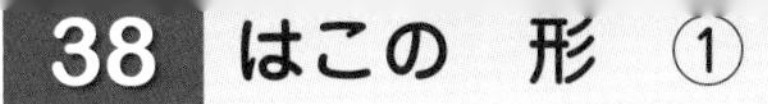

## 38 はこの　形　①　75・76 ページ

**1** ①
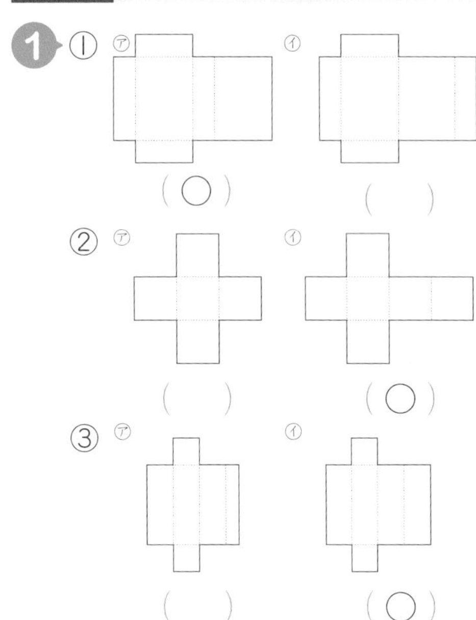


**2**
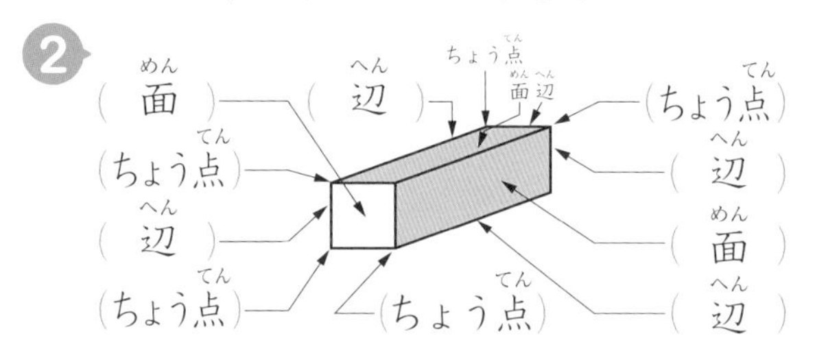


※ひらがなでかいても正かいです。

①長方形　②6つ

③12　④8つ

**3** ①㋐−2　㋑−2　㋒−2

②㋐−2　㋑−4　③㋐−6

**ポイント**

はこの　形には　面が　6つ，辺が　12，ちょう点が　8つ　あります。

**ときかた**

**1** ①③　くみ立てた　ときに　むかいあう　面は　同じ　大きさに　なります。
②　㋐は　面が　5つしか　ありません。

**3** はこの　面の　形は，長方形か　正方形に　なります。

## 39 はこの　形　②　77・78 ページ

**1** あ−か　い−く　う−お　え−き

**2** ①カ　②オ

**3**
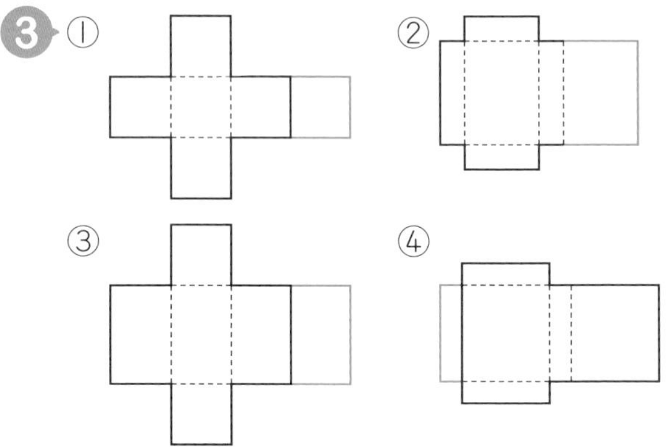


## 40 ひょうと　グラフ　①　79・80 ページ

**1** ①5人　②4人　③3人　④4人
⑤2人

**2** ①

| すきな　くだもの | りんご | パイナップル | もも | みかん | バナナ |
|---|---|---|---|---|---|
| 人数　（人） | 5 | 4 | 3 | 4 | 2 |

②りんご

**3** ①

| のりものの　しゅるい | じょうよう車 | トラック | バス | オートバイ |
|---|---|---|---|---|
| だい数(だい) | 6 | 5 | 3 | 7 |

②オートバイ

**ポイント**

数えた　ものには　しるしを　つけるなど　して　数えまちがいを　しないように　しましょう。

**ときかた**

**2** ②　ひょうで　いちばん　数が　多いのは　りんごの　5人です。

## 41 ひょうと グラフ ② 81・82ページ

**1** ①②

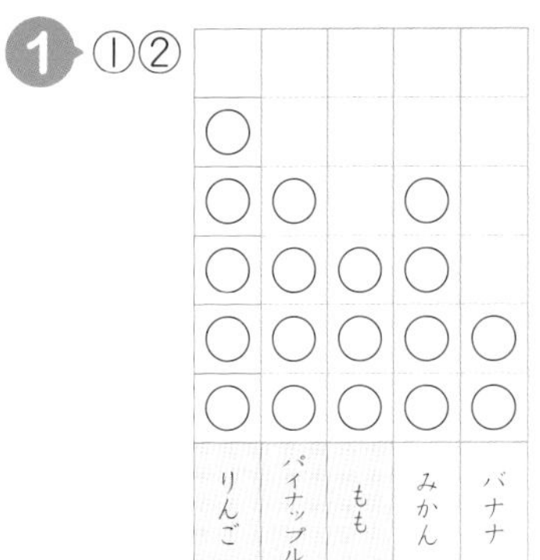


③りんご ④バナナ

**2** ①②

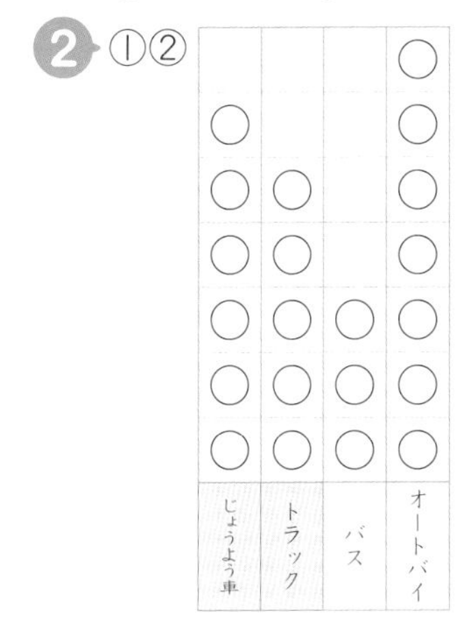


③オートバイ ④バス ⑤4だい

**ポイント**

**グラフに あらわすと 数(かず)の 多(おお)い, 少(すく)ないが わかりやすく なります。**

ときかた

**2** ⑤ グラフで オートバイと バスの ○の 数(かず)の ちがいは 4つです。

## 42 しんだん テスト ① 83・84ページ

**1** ①786 ②5462

**2** ①349 ②5020 ③3999 ④7010

**3** ①午前11時15分 ②午後3時30分

**4** ①6cm4mm ②9cm2mm

**5** ①600mL ②1700mL

**6** ①× ②○ ③○ ④× ⑤○ ⑥○ ⑦×

## 43 しんだん テスト ② 85・86ページ

**1** ① 1313 ⇄ 1331 ( ) (○)
② 4071 ⇄ 4091 ( ) (○)
③ 1001 ⇄ 999 (○) ( )
④ 8939 ⇄ 8937 (○) ( )

**2** ①1765 ②3040 ③9602 ④8007

**3** ①20 ②500 ③1000 ④1
⑤ 2，3 / 2300 ⑥ 16 / 1，6

**4** ①直角三角形 ②正方形 ③長方形

**5** ㋐

**6** ①いちご ②ぶどう ③2人